爱阅读课程化丛书/快乐读书吧

爱阅读

看看我们的地球

李四光 / 著

穿过地平线

无障碍精读版

课外阅读佳作，爱阅读课程化丛书

分级阅读点拨 · 重点精批详注 · 名师全程助读 · 扫清阅读障碍

民主与建设出版社

· 北京 ·

图书在版编目（CIP）数据

看看我们的地球 / 李四光著 . — 北京 : 民主与建设出版社 , 2020.2（2023.12 重印）
ISBN 978-7-5139-2655-3

Ⅰ. ①看… Ⅱ. ①李… Ⅲ. ①地球科学 – 普及读物
Ⅳ. ① P-49

中国版本图书馆 CIP 数据核字（2020）第 011389 号

看看我们的地球
KANKAN WOMEN DE DIQIU

出 版 人 李声笑
作　　者 李四光
责任编辑 刘树民
装帧设计 宋双成
出版发行 民主与建设出版社有限责任公司
电　　话 （010）59417747　59419778
社　　址 北京市海淀区西三环中路 10 号望海楼 E 座 7 层
邮　　编 100142
印　　刷 三河市祥宏印务有限公司
版　　次 2020 年 2 月第 1 版
印　　次 2023 年 12 月第 3 次印刷
开　　本 165 毫米 × 235 毫米　1/16
印　　张 10 印张　彩插 0.375 印张
字　　数 110 千字
书　　号 ISBN 978-7-5139-2655-3
定　　价 24.80 元

注：如有印、装质量问题，请与出版社联系。

看看我们的地球

地层工作的要点
煤层气
盖层
天然气
石油
生油岩
储集层

地壳的概念

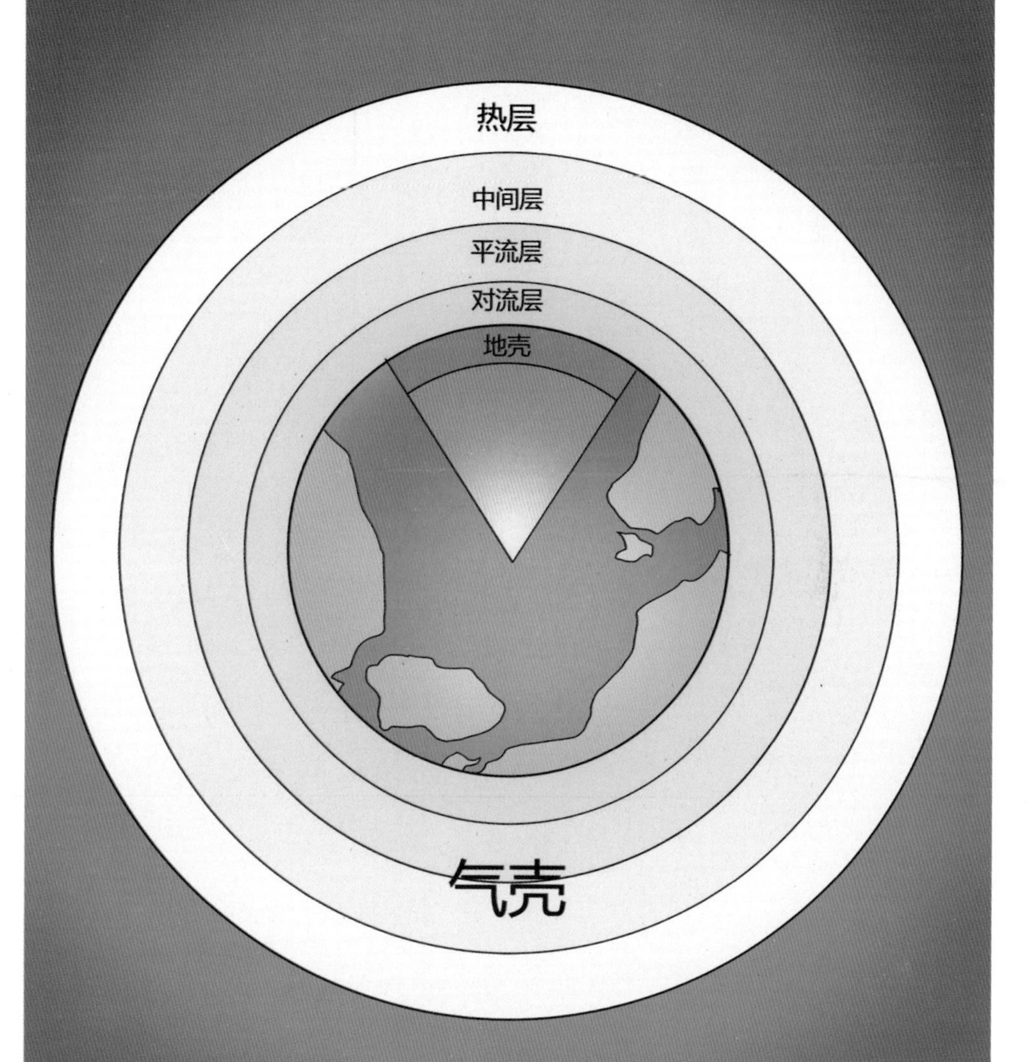

浅说地震

燃料的问题

读书与读自然书

| 总序 |

北京书香文雅图书文化有限公司的李继勇先生与我联系，说他们策划了一套“爱阅读”丛书，读者对象主要是中小学生，这套书可以作为学生的课外阅读用书，希望我写篇序。作为一名语文教育工作者，为学生推荐优秀课外读物责无旁贷，在最近“双减”政策的大背景下，也更有意义。

一、“双减”以后怎么办?

前不久，中共中央办公厅、国务院办公厅印发了《关于进一步减轻义务教育阶段学生作业负担和校外培训负担的意见》，对义务教育阶段学生的作业和校外培训作出严格规定。这是一件好事。曾几何时，我们的中小学生作业负担重，不少孩子不是在各种各样的培训班里，就是在去培训班的路上。孩子们“学”无宁日，备尝艰辛；家长们焦虑不安，苦不堪言。校外培训机构为了增强吸引力，到处挖墙脚；有些老师受利益驱使，不能安心从教，导致社会怨声载道。他们的行为破坏了教育生态，违背了教育规律，严重影响了我国教育改革发展。教育是什么?教育是唤醒，是点燃，是激发。而校外培训的噱头仅仅是提高考试成绩，让孩子在中高考中占得先机。他们的广告词是“提高一分，干掉千人”，他们大肆渲染“分数为王”。在这种压力之下，孩子们面对的是“分萧萧兮题海寒”，他们不得不深陷题海，机械刷题。假如只有一部分孩子上培训班，提高的可能是分数。但是，如果大多数孩子或者所有孩子都去上培训班，那提高的就不是分数，而只是分数线。教育的根本任务是立德树人，是培根铸魂，是启智增慧，是让学生德智体美劳全面发展，是培养社会主义建设者和接班人，是为中华民族伟大复兴提供人才，而不是培养只会考试的“机器”，更不能被资本绑架。所以中央才“出重拳”“放实招”，目的就是要减轻学生过重的课业负担，减轻家长过重的经济和精神负担。

“双减”政策出台后，学生们一片欢呼，再也不用在各种培训班之间来回奔波了，但家长产生了新的焦虑：孩子学习成绩怎么办？而对学校老师来说，这是一个新挑战、新任务，当然也是新机遇。学生在校时间增加，要求老师提升教学水平，科学合理布置作业，同时开展课外延伸服务，事实上是老师陪伴学生的时间增加了。这部分在校时间怎么安排？如何让学生利用好课外时间？这一切考验着老师们的智慧，而开展各种课外活动正好可以解决这个难题，比如：热爱人文的，可以参加阅读写作、演讲辩论、学习传统文化和民风民俗等社团活动；喜爱数理的，可以参加科普科幻、实验研究、统计测量、天文观测等兴趣小组；也可以参加体育比赛、艺术（音乐、美术、书法、戏剧）体验和劳动教育等实践活动。当然，所有的活动都应以培养学生的兴趣爱好为目的，以自愿参加为前提。学校开展课后服务，可以多方面拓展资源，比如博物馆、图书馆、科技馆、陈列馆、少年宫、青少年活动中心，甚至校外培训机构的优质服务资源，还可组织征文比赛、志愿服务、社会调查等，助力学生全面发展。

二、课外阅读新机遇

近年来，“新课标”“新教材”“新高考”成为语文教育改革的热词。前不久，我看到一个视频，说语文在中高考中的地位提高了，难度也加大了。这种说法有一定道理，但并不准确。说它有一定道理，是因为语文能力主要指一个人的阅读和写作能力，而阅读和写作能力又是一个人综合素养的体现。语文能力强，有助于学习别的学科。比如：数学、物理中的应用题，如果阅读能力上不去，读不懂题干，便不能准确把握解题要领，也就没法准确答题；英语中的英译汉、汉译英题更是考查学生的语言表达能力；历史题和政治题往往是给一段材料，让学生去分析、判断，得出结论，并表述自己的观点或看法。从这点来说，语文在中高考中的地位提高有一定道理。说它不准确，有两个方面的理由：一是语文学科本来就重要，不是现在才变得重要，之所以产生这种错觉，是因为在应试教育的背景下，语文的重要性被弱化了；二是语文考试的难度并没有增加，增加的只是阅读思维的宽度和广度，考查的是阅读理解、信息筛选、应用写作、语言表达、批判性思维、辩证思维等关键能力。可以说，真正的素质教育必须重视语文，因为语文是工具，是基础。不少家长和教师认为课外阅读浪费学习时间，这主要是教育观念问题。他们之所以有这种想法，无非是认为考试才是最终目的，希望孩子可以把更多时间用在刷题上。他们只看到课标和教材的变化，以为考试还是过去那一套，其实，考试评价已发生深刻变革。目前，考试评价改革与新课标、新教材改革是同向同行的，都是围绕立德树人做文章。中共中央、国务院印发的《深化新时代教育评价改革总体方案》明确指出："稳步推进中高考改革，构建引导学生德智体美劳全面发展的考试内容体系，改变相对固化的试题形式，增强试题开放性，减少死记硬背和'机械刷题'现象。"显然就是要用中高考"指挥棒"引领素质教育。新高考招生录取强调"两依据，一参考"，即以高考成绩和高中学业水平考试成绩为依据，以综合素质评价为参考。这也就是说，高考成绩不再是高校选拔新生的唯一标准，不只看谁考的分数高，还要看谁更有发展潜力、更有创造性、综合素质更高，从而实现由"招分"向"招人"的转变。而这绝不是仅凭一张高考试卷能够区分出来的，"机械刷题"无助于全面发展，必须在课内学习的基础上，辅之以内容广泛的课外阅读，才能全面提高综合素养。

三、"爱阅读"助力成长

这套"爱阅读"丛书是为中小学生量身打造的，符合《义务教育语文课程标准》倡导的"好读书、读好书、读整本的书"的课改理念，可以作为学生课内学习的有益补充。我一向认为，要学好语文，一要读好三本书，二要写好两篇文，三要养成四个好习惯。三本书指"有字之书""无字之书"和"心灵之书"，两篇文指"规矩文"和"放胆文"，四个好习惯指享受阅读的习惯、善于思考的习惯、乐于表达的习惯和自主学习的习惯。古人说“读万卷书，行万里路”，实际上就是要处理好读书与实践的关系。对于中小学生来说，读书首先是读好“有字之书”。“有字之书”，有课本，有课外自读课本，还有“爱阅读”这样的课外读物。读书时我们不能眉毛胡子一把抓，要区分不同的书，采取不同的读法。一般说来，有精读，有略读。精读需要字斟句酌，需要咬文嚼字，但费时费力。当然也不是所有的书都需要精读，可以根据自己的需要决定精读还是略读。新课标提倡中小学生进行整本书阅读，但是学生往往不能耐着性子读完一整本书。新课标提倡的整本书阅读，主要是针对过去的单篇教学来说的，并不是说每本书都要从头读到尾。教材设计的练习项目也是有弹性的、可选择的，不可能有统一的“阅读计划”。我的建议是，整本书阅读应把精读、略读与浏览结合起来。精读重在示范，略读重在博览，浏览略观大意即可，三者相辅相成，不宜偏于一隅。不仅如此，学生还可以把阅读与写作、读书与实践、课内与课外结合起来。整本书阅读重在掌握阅读方法，拓展阅读视野，培养读书兴趣，养成阅读习惯。

再说写好两篇文。学生读得多了，素养提高了，自然有话想说，有自己的观点和看法要发表。发表的形式可以是口头的，也可以是书面的，书面表达就是写作。写好两篇文，一篇“规矩文”，一篇“放胆文”。“规矩文”重打基础，“放胆文”更见才气。“规矩文”要求练好写作基本功，包括审题、立意、选材、构思等，同时还要掌握记叙文、议论文、说明文、应用文的基本要领和写作规范。“规矩文”的写作要在教师的指导下进行。“放胆文”则鼓励学生放飞自我、大胆想象，各呈创意、各展所长，尤其是展现自己的应用写作能力、语言表达能力、批判性思维能力和辩证思维能力。“放胆文”的写作可以多种多样，除了大作文，也可以写小作文。有兴趣的还可以进行文学创作，写诗歌、小说、散文、剧本等。

学习语文还要养成四个好习惯。第一，享受阅读的习惯。爱阅读非常重要。每个同学都应该有自己的个性化书单，有的同学喜欢网络小说也没有关系，但需要防止沉迷其中，钻进“死胡同”。这套“爱阅读”丛书，就给中小学生课外阅读提供了大量古今中外的名家名作。第二，善于思考的习惯。在这个大众创业、万众创新的时代，创新人才的标准，已不再是把已有的知识烂熟于心，而是能够独立思考，敢于质疑，能够自己去发现问题、提出问题和解决问题，需要具有探究质疑能力、独立思考能力、批判性思维和辩证思维能力。第三，乐于表达的习惯。表达的乐趣在于说或写的过程，这个过程比说得好、写得完美更重要。写作形式可以不拘一格，比如作文、日记、笔记、随笔、漫画等。第四，自主学习的习惯。我的地盘我做主，我的语文我做主。不是为老师学，也不是为父母长辈学，而是为自己的精神成长学，为自己的未来学。

愿广大中小学生能借助这套“爱阅读”丛书，真正爱上阅读，插上想象的翅膀，飞向未来的广阔天地！

顾之川

2021 年 10 月 15 日

写于京东大运河畔之两不厌居

· 作家生平 ·

李四光（1889—1971），字仲拱，原名李仲揆，湖北黄冈人。我国著名地质学家、教育家和社会活动家。早年留学日本，1919 年毕业于英国伯明翰大学，获硕士学位，1920 年回国，曾任北京大学教授。他是中国地质力学的创立者、中国现代地球科学和地质工作的主要领导人和奠基人之一，中华人民共和国成立后的第一批杰出科学家和为中华人民共和国发展做出卓越贡献的元勋。

科研方面，李四光创立了地质力学，并为中国石油工业的发展做出了重要贡献。他早年对蜓科化石及其地层分层意义有精湛的研究，提出了中国东部第四纪冰川的存在；提出新华夏构造体系三个沉降带有广阔找油远景的认识，开创了活动构造研究与地应力观测相结合的预报地震途径。

社会活动方面，李四光在日本留学期间加入同盟会，武昌起义爆发后，出任湖北省实业司司长，袁世凯掌权后，他愤然辞职，远渡重洋去英国留学。在教学上，李四光授课生动有趣，推崇"直接的求学"，不鼓励读死书。他经常带着学生去野外实习，倡导首先要重视精确观察和准确记录，其次才是思考求索。李四光经常对学生说："在野外这个大千世界中，所有的事物都是自然书中的材料，这些材料最真实，配置最适当。可惜我们的生命有限，不能把这本大百科全书一气读完。"

李四光的主要著作有《看看我们的地球》《穿过地平线》《地质力学概论》《天文 · 地质 · 古生物》等。

1

爱阅读
AI YUEDU

· 创作背景 ·

本书选取了李四光从事地质研究工作后陆续所写的文章。这些文章发表于 20 世纪 20—50 年代，这期间中国经历了从动荡社会到国家初定，人民受教育程度低，对地质认知匮乏；国家的经济贫弱、交通落后，急于开采石油、煤炭等矿物燃料推进发展。在这样的情况下，李四光一边坚持地质研究，一边写下兼有学术性和通俗性的文章，对自然和地质科学知识在社会中的普及起到了至关重要的作用。

· 作品速览 ·

本书分别从天文、地理、地质、地热方面分析了地球的年龄，介绍了形状、地壳、地质等地球的基本信息；讲述了冰川、陆地的变化以及人类的出现；解释了地震的形成与相关学说；探讨了地热、燃料、石油和地质结构之间的关系；并且阐述了煤炭与现代人类生活的关系。本书致力于介绍地质知识，引导读者多了解自然，多阅读与自然科学有关的书籍。

· 文学特色 ·

一、本书汇集了李四光先生的科普文章。全书文章结构完整，层次分明。

二、各短篇写作时间间隔长，呈现了作者不同时期的不同研究内容和不同创作状态，文章风格兼有专业性和趣味性。

三、文章通俗易懂、文情并茂、可读性强，既有益于推广地质知识，也有助于读者了解李四光的为人之道和治学风格。

2

"作家生平"，走近作家，一睹作家风采；"创作背景"，了解作品创作的时代背景；"作品速览"，把握故事全貌、主题意蕴；"文学特色"，发掘作品深刻的文学价值，以增进理解，提高阅读效率。

名家心得

李四光在旧社会走过的道路，尽管有些曲折和坎坷，但他毕生努力的方向和最终达到的高度，以及对祖国和人民做出的贡献，在当代中国科技界、知识界，的确是一面旗帜，无愧于党和人民给予的这个高度评价。

——中国航天之父、中国导弹之父 钱学森

他（指李四光）是中国地质事业，也可以说是地球科学事业的奠基人之一。他对中国地质学的贡献、他的治学精神和高风亮节，都堪称后世师表。

——中国科学院院士、地质学家 叶连俊

读者感悟

读了地质学家李四光的文章之后，我对一个问题比较困惑：地热到底是什么呢？是地球自热，还是地球自转过程中产生的什么物质？对这

145

爱阅读
AI YUEDU

个问题我真是百思不得其解。查阅了很多资料之后，我终于明白了什么是地热。现在就让我来告诉你们吧。

地热，是地球内部岩石熔化产生的岩浆散发出来的巨大的热量，其最高温度可以达到 1200℃，而被烧开的水最高温度只有区区 100℃。因此地热以一种热力的方式存在于地球内部，这是地球自然生成的热能。由于热能的存在，地球上每年都要发生 500 万次左右大大小小的地震、火山爆发，由此会引发巨大海啸，给人类带来巨大灾难。

任何事情都要一分为二辩证地看待。地热虽然给人类带来了巨大的灾难，但是只要采取适当措施，是可以将地热为人类所用的。1904 年，意大利有位科学家将水注入地球内部岩层，从而产生了大量蒸汽。然后抽取蒸汽来推动涡轮机转动电动机，这样电能就产生了。现在中国西藏自治区的羊八井就会利用地热供电，西安、天津采用地热直接供暖，东南地区利用地热来建设疗养院，推动了当地经济的发展。

因此，地热除了可以用来发电、供暖之外，还可以被用来进行地热农业、地热医疗等。发展温泉疗养院、开发地热温室养鱼、浇灌农田都是大有作为的。

阅读拓展

《听李四光讲地球的故事》一书由李四光纪念馆组织的、具有丰富科普经验的优秀团队编写，围绕我国著名科学家李四光先生撰写的地球科学读本——《天文 · 地质 · 古生物》的内容，将博大精深的地球知识以通俗易懂的方式仔细讲来。

146

阅读总结

"名家心得"，听听名家怎么说；"读者感悟"，看看别人怎么想；"阅读拓展"，帮你丰富文学知识，增强艺术感受力；"真题演练"，考查阅读本书后的效果，是对阅读成果的巩固和总结。习题具有一定的延伸性和扩展性，对于没有回答上来的问题，读者可以借此发现阅读上的不足，心中带着疑问，为下一次的精读做好准备。

接受文学名著的滋养，读写贯通，读为写用，读写双升

上编　看看我们的地球

名师导读

地球是人类的母亲！亿万年来，地球在日复一日地变化着，它孕育了万物，养育着我们。我们的地球，它是如何来的呢？它在早期又是什么样子的呢？它是如何孕育万物的呢？为什么那么多的科学家、地质学家在不断地探索地球的秘密呢？下面让我们一起走进书中，去了解地球的奥秘吧！

看看我们的地球

①地球是围绕太阳旋转的九大行星之一，它是一个离太阳不太远也不太近的行星。它的周围有一圈大气，这圈大气组成它的最外一层，就是气圈。在这层下面，有些地方是由岩石构成的大陆，大致占地球总面积的十分之三，也就是石圈的表面。其余的十分之七都是海洋，

①背景介绍——介绍了地球是九大行星之一，为下文介绍地球埋下了伏笔。

注释

九大行星：2006年8月24日，第26届国际天文学联合会将冥王星划为矮行星，从太阳系九大行星中除名，从此，太阳系从九大行星变成八大行星。按照离太阳由近到远的距离，它们依次是水星、金星、地球、火星、木星、土星、天王星和海王星。

3

指引你快速知晓章节内容，提高阅读兴趣。

名师妙语，见解独特，视角新颖。

爱阅读
AI YUEDU

精华赏析

在本编中，作者对地球进行了概述。那么，地球多大年龄了呢？世界上的学者们纷纷进行研究，各抒己见，但是由于材料有限而不能精确地计算出时间。于是有关天文学解释地球年龄的说法出现了，接着科学界用地质说明了地球的年龄。可地球的表面发生过大规模的冰流现象，因此，人们又有了不同的看法。人类的出现使得地球出现了生机。地质学家们、科学家们也在不断地探索地球的奥秘。

延伸思考

1. 关于冰期的起源，人们有过怎样的说法？
2. 冰期的出现有没有时间性和周期性？

相关链接

同位素

指具有相同原子序数的同一化学元素的两种或多种原子，在元素周期表中占有同一位置，化学性质几乎相同，但原子质量或质量数不同，从而其质谱性质、放射性转变和物理性质有所差异的元素。

58

评点章节要旨，发人深省。

开拓思维，启迪智慧。

在轻松阅读中开阔视野。

Contents

目录

·作家生平·

李四光（1889—1971），字仲拱，原名李仲揆，湖北黄冈人。我国著名地质学家、教育家和社会活动家。早年留学日本，1919年毕业于英国伯明翰大学，获硕士学位，1920年回国，曾任北京大学教授。他是中国地质力学的创立者、中国现代地球科学和地质工作的主要领导人和奠基人之一，中华人民共和国成立后的第一批杰出科学家和为中华人民共和国发展做出卓越贡献的元勋。

科研方面，李四光创立了地质力学，并为中国石油工业的发展做出了重要贡献。他早年对蜓科化石及其地层分层意义有精湛的研究，提出了中国东部第四纪冰川的存在；提出新华夏构造体系三个沉降带有广阔找油远景的认识，开创了活动构造研究与地应力观测相结合的预报地震途径。

社会活动方面，李四光在日本留学期间加入同盟会，武昌起义爆发后，出任湖北省实业司司长，袁世凯掌权后，他愤然辞职，远渡重洋去英国留学。在教学上，李四光授课生动有趣，推崇“直接的求学”，不鼓励读死书。他经常带着学生去野外实习，倡导首先要重视精确观察和准确记录，其次才是思考求索。李四光经常对学生说：“在野外这个大千世界中，所有的事物都是自然书中的材料，这些材料最真实，配置最适当。可惜我们的生命有限，不能把这本大百科全书一气读完。”

李四光的主要著作有《看看我们的地球》《穿过地平线》《地质力学概论》《天文·地质·古生物》等。

·创作背景·

本书选取了李四光从事地质研究工作后陆续所写的文章。这些文章发表于20世纪20—50年代，这期间中国经历了从动荡社会到国家初定，人民受教育程度低，对地质认知匮乏；国家的经济贫弱、交通落后，急于开采石油、煤炭等矿物燃料推进发展。在这样的情况下，李四光一边坚持地质研究，一边写下兼有学术性和通俗性的文章，对自然和地质科学知识在社会中的普及起到了至关重要的作用。

·作品速览·

本书分别从天文、地理、地质、地热方面分析了地球的年龄，介绍了形状、地壳、地质等地球的基本信息；讲述了冰川、陆地的变化以及人类的出现；解释了地震的形成与相关学说；探讨了地热、燃料、石油和地质结构之间的关系；并且阐述了煤炭与现代人类生活的关系。本书致力于介绍地质知识，引导读者多了解自然，多阅读与自然科学有关的书籍。

·文学特色·

一、本书汇集了李四光先生的科普文章。全书文章结构完整，层次分明。

二、各短篇写作时间间隔长，呈现了作者不同时期的不同研究内容和不同创作状态，文章风格兼有专业性和趣味性。

三、文章通俗易懂、文情并茂、可读性强，既有益于推广地质知识，也有助于读者了解李四光的为人之道和治学风格。

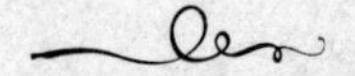

上编　看看我们的地球

名师导读

地球是人类的母亲！亿万年来，地球在日复一日地变化着，它孕育了万物，养育着我们。我们的地球，它是如何来的呢？它在早期又是什么样子的呢？它是如何孕育万物的呢？为什么那么多的科学家、地质学家在不断地探索地球的秘密呢？下面让我们一起走进书中，去了解地球的奥秘吧！

看看我们的地球

[1] 地球是围绕太阳旋转的九大行星之一，它是一个离太阳不太远也不太近的行星。它的周围有一圈大气，这圈大气组成它的最外一层，就是气圈。在这层下面，有些地方是由岩石构成的大陆，大致占地球总面积的十分之三，也就是石圈的表面。其余的十分之七都是海洋，

❶背景介绍　介绍了地球是九大行星之一，为下文介绍地球埋下了伏笔。

注释

九大行星：2006年8月24日，第26届国际天文学联合会将冥王星划为矮行星，从太阳系九大行星中除名，从此，太阳系从九大行星变成八大行星。按照离太阳由近到远的距离，它们依次是水星、金星、地球、火星、木星、土星、天王星和海王星。

称为水圈。水圈的底下，也都是石圈。不过，在大海底下的这一部分石圈的岩石，它的性质和大陆上露出的岩石的性质一般是不同的。大海底下的岩石重一些、黑一些；大陆上的岩石轻一些，颜色一般也淡一些。

读书笔记

石圈不是由不同性质的岩石规规矩矩构成的圈子，而是在地球出生和它存在的几十亿年的过程中，发生了多次的翻动，原来埋在深处的岩石，翻到地面上来了。这样我们才能直接看到曾经埋在地下深处的岩石，也才能使我们想象到石圈深处的岩石是什么样子的。

随着科学的不断发展，人类对自然界的了解是越来越广泛和深入了，可是到现在为止，我们的观测所能钻进石圈的深度，顶多也不过十几千米。而地球的直径却有着1.2万多千米呢！就是说，假定地球像一个大皮球，那么，我们的眼睛所能直接和间接看到的一层就只有一张纸那么厚。①再深些的地方究竟是什么样子，我们有没有什么办法去勘察呢？有。这就是靠由地震的各种震波给我们传送来的消息。不过，通过地震波获得有关地下情况的消息，只能帮助我们了解地下的物质的大概样子，不能像我们在地表所看见的岩石那么清楚。

地球深处的物质，和我们现在生活上的关系较少，和我们关系最密切的，还是石圈的最上一层。②我们的老祖宗曾经用石头来制造石斧、石刀、石钻、石箭等等从事劳动的工具。今天我们不再需要石器了，可是，我们现在种地或在工厂里、矿山里劳动所需的工具和日常

①疑问

提出地球再深些的地方是什么样子的问题，引起读者的阅读兴趣，引出下文。

②对比

将古代人们使用石头作为劳动工具与现在的劳动工具做对比，说明了无论古代还是现在，人们都离不开石头。

需要的东西，仍然还要向石圈里要原料。只是随着人类的进步，向石圈索取这些原料的数量和种类越来越多了，并且向石圈探察和开采这些原料的工具和技术，也越来越进步了。

最近几十年来，人们从石圈中不断地发现了各种具有新的用途的原料。[①]比如能够分裂并大量发热的放射性矿物，如铀、钍等类，我们已经能够加以利用，例如用来开动机器、促进庄稼生长、治疗难治的疾病等等。将来，人们还要利用原子能来推动各种机器和一切交通运输工具的发展，要它们驯服地为我们的社会主义建设服务。

❶举例子

举例说明了石圈中放射性矿物对于人类社会的贡献。

这样说来，石圈最上层能够给人类利用的各种好东西是不是永远取之不尽的呢？不是的。石圈上能够供给人类利用的各种矿物原料，正在一天天地少下去，而且总有一天要用完的。

那怎么办呢？[②]一个办法，是向石圈下部更深的地方要原料，这就要靠现代地球物理探矿、地球化学探矿和各种新技术部门的工作者们的共同努力。另一个办法，就是继续寻找和利用新的物质和动力的来源。热就是便于利用的动力根源。比如近代科学家们已经接触到了的很多方面，包括太阳能、地球内部的巨大热库和热核反应热量的利用，甚至有可能在星际航行成功以后，在月亮和其他星球上开发可能利用的物质和能源，等等。

❷叙述

写出了人们解决矿物原料减少的方法。

关于太阳能和热核反应热量的利用，科学家们已经进行了较多的工作，也获得了初步的成就。对其他天体的探索研究，也进行了一系列的准备工作，并在最近几年中获得了一些重要的进展。有关利用地球内部热量的研究，虽然也早被科学家们注意，并且也已做了一些工作，但是到现在为止，还没有达到大规模利用地热的阶段。

❶列数字 具体准确地介绍了地热与地球深度的关系，说明了地下蕴藏着大量的热量。

①人们早已知道，越往地球深处，温度越加增高，大约每下降 33 米，温度就升高 1℃（应该指出，地球表面的热量主要是靠太阳送来的热）。就是说，地下的大量热量，正闲得发闷，焦急地盼望着人类及早利用它，让它也沾到一份为人类服务的光荣。

怎样才能达到这个目的呢？很明显，要靠现代数学、化学、物理学、天文学、地质学以及其他科学技术部门的共同努力。而在这一系列的努力中，一项重要而首先要解决的问题，就是要了解清楚地球内部物质的结构和它们存在的状况。

❷疑问 提出因为地球内部太深、热量大，如何去了解的问题，引发读者的思考，引出下文的解决办法。

②地球内部那么深，那么热，我们既然钻不进去，摸不着，看不见，也听不到，怎么能了解它呢？办法是有的。我们除了通过地球物理、地球化学等对地球的内部结构进行直接的探索研究以外，还可以通过各种间接的办法来对它进行研究。比如，我们可以发射火箭到其他天体去发生爆炸，通过远距离自动控制仪器的记录，可以得到有关那个天体内部结构的资料。有了这些资料，我们就可以进一步用比较研究的方法，了解地球内部的结构，从而为我们利用地球内部储存的大量热量提供可能。

在这些工作获得成就的同时，对现时仍然作为一个谜的有关地球起源的问题，也会逐渐得到解决。到现在为止，地球究竟是怎样来的，人们做了各种不同的猜测，各人有各人的说法，各人有各人的理由。在这许多的说法和理由中，主要有下述两种：一种说法，地球是从太阳分裂出来的，原先它是一团灼热的熔体，后来经过长期的冷缩，固结成了现今具有坚硬外壳的地球。直到现在，它里边还保存着原有的大量热量。这种热量也还在继续不断地慢慢变冷。另一种说法，地球是由小粒的灰尘逐渐聚合固结起来形成的。他们说，地球本身的热量，是由于组成地球的物质中有一部分放射性物质，它们不断分裂而放出大量热量的结果。随着这种放射性物质不断地分裂，地球的温度，现在可能渐渐增高，但到那些放射性物质消耗到一定程度的时候，就会逐渐变冷。

读书笔记

[1] 少年朋友们，从这里看来，到底谁长谁短，就得等你们将来成长为科学家的时候，再提出比我们这一代科学家更高明的意见了。

❶过渡

过渡段起到承上启下的作用，承接上文谁长谁短的问题，引出下文对少年的鼓励。

我相信，等到你们成长为出色的科学家，和跟着你们学习的下一代和更下一代的年轻科学家们来到世界的时候，人们一定会掌握更丰富、更确切的资料，也更广泛、更深入地了解地球本身和我们太阳系的过去和现在的状况。这样，你们就有可能对地球起源的问题，作出

注释

现时：时间词。现在；当前。

比较可靠的结论。

也可以相信，再经过多少年，人类必定会胜利地实现到星际去旅行的理想。那时候，一定会在其他天体上面发现许多新的生命和更多可以被我们利用的新的物质，人类活动的领域将空前地扩大，接触的新鲜事物也无穷无尽。这一切，都必定使人类的生活更加美好，使人类的聪明才智比现在不知要高多少倍，人类的寿命也会大大地延长，大家都能活到一百几十岁到两百岁或者更高的年龄。到那个时候，今天那些能够活到七八十岁的老人，在这些真正高龄的老爷爷眼前，也就像你们的教师在今天的老人面前一样要变成青年人了。

少年朋友们，你们想想，这么大的变化，多有意思啊！

[1]我们不能光是伸长脖子，窥测自然界奇妙的变化，我们还要努力学习，掌握那些变化的规律，推动科学更快地前进，来创造幸福无穷的新世界。

（本文原载于1959年10月出版的《科学家谈二十一世纪》。）

读书笔记

❶叙述：说明了自然的变化无穷无尽，鼓励大家努力学习，为科学的发展、社会的发展贡献自己的力量。

地球的年龄

地球的年龄，并不是一个新颖的问题。在那上古的时代早已有人提及了。例如迦勒底人（Chaldean）的天文学家，不知用了什么方法，算出世界的年龄为21.5万岁。波斯的琐罗亚斯德（Zoroaster）一派的学者说，世界的存在只限于1.2万年。中国俗传世界有12万年的寿命。这些数目当然没有什么意义。①古代的学者因为不明白自然的历史，都陷入一个极大的误解，那就是他们把人类的历史、生物的历史、地球的历史，乃至宇宙的历史，当作一件事看待。意思是人类出现以前，就无所谓宇宙，无所谓世界。

❶叙述

讲述了古人因为世界观较为狭隘，以为人类的历史就是世界的历史，为下文科学家们开始用科学方法测算地球年龄做铺垫。

中古以后，学术渐渐萌芽，荒诞无稽的传说渐渐失去信用。然而1650年时，竟有一位有名的英国主教厄谢尔（James Ussher）曾大书特书，说世界是公元前4004年造的！这不足为奇，恐怕在科学昌明的今日，世界上还有许多人相信上帝只费了六天的工夫，就造出我们的世界来了。从18世纪中叶到19世纪初期，地质学、生物学与其他自然科学同一步调，向前猛进。德国出了维尔纳（Werner），英国出了赫顿（Hutton），法国出了布封（Buffon）、拉马克（Lamarck），以及其他著名的学者。他们关于自然的历史，虽各怀己见，争论激烈，然而在学术上都有永垂不朽的贡献。俟后，英国的生物学家查尔斯·达尔文（Charles Darwin）、阿尔弗雷德·拉塞尔·华莱士（Alfred Russel Wallace）、托马斯·亨利·赫胥黎（Thomas Henry Huxley）等人，再将生物进化的学说公之于世。于是一般的思想家才相信人类出现以前，已经有了世界。那无人的世界，又可据生物递变的情形，分为若干时代，每一时代大都有陆沉海涸的遗痕，地球历史之长，可

读书笔记

读书笔记

注释

各怀己见：各人有各人的意见。

想而知。至此，地球年龄的问题，始得以正式成立。

就理论上说，地球的年龄，应该是地质学家劈头的一个大问题，然而事实不然，赫顿以后，地质学家的活动，大半都限于局部的研究。他们对于一层岩石、一块化石的考察，不厌其详；而对过去年代的计算，都淡漠视之，一若那种的讨论，非分内之事。[1] 实则地质学家并非抛弃了那个问题，只因材料尚未充足，不愿多说闲话。待到开尔文勋爵（Lord Kelvin）关于地球的年龄发表意见的时候，地质学家方面始有一部分人觉得开尔文所定的年龄过短，他的立论，也未免过于专断。这位物理学家非但不顾地质学上的事实，反而嘲笑他们。开尔文说："地质学家看太阳如同蔷薇看养花的老头儿似的。蔷薇说道，养我们的那一位老头儿必定是很老的一位先生，因为在我们蔷薇的记忆中，他总是那样子。"

❶叙述
介绍了当时由于资料的缺乏，地质学家们没有对这一问题展开讨论。表现了当时社会在相关研究领域的局限性。

读书笔记

物理学家既是这样的挑战，自然弄得地质学家到了忍无可忍的地步，于是地质学家方面，就有人起来同他们讲道理。

所以地球年龄的问题，现在成了天文、物理、地质三家公共的问题。

（本文为1929年商务印书馆版《地球的年龄》一书"绪言"的节选。）

注释

劈头：一开头，起首。
化石：古代生物的遗体、遗物或遗迹埋藏在地下变成跟石头一样的东西。
不厌其详：不嫌详细。指越详细越好。

天文学地球年龄的说法

1749年，邓索恩（Dunthorne）依据比较古今日食时期的结果，倡言现今地球的旋转，较古代为慢。其后百余年，亚当斯（Adams）对于这件事又详加考究，并算出每100年地球的旋转迟22秒，但亚当斯曾申明他所用的计算的根据，不是十分可靠。[1] 康德（Kant）在他的宇宙哲学论中曾说到潮汐的摩擦力能使地球永远减其旋转的速率，一直到汤姆逊（J.J.Thomson）的时代，他又把这个问题提起来了。汤姆逊用种种方法证明地球的内部比钢还要硬。他又从热学上着想，假定地球原来是一团热汁，自从冷却结壳以后，它的形状未曾变更。如若我们承认这个假定，那由地球现在的形状，不难推测当初凝结之时它能保持平衡的旋转速率。至于地球的扁度，可用种种方法测出。旋转速率减少之率，也可由历史上或用旁的方法求出。假若减少之率通古今不变，那么，从它初结壳到今天的年龄，不难求出。据汤姆逊这样计算的结果，他说地球的年龄顶多不过10亿年。但是他又说如若比1亿年还多，地球在赤道的凸度比现在的凸度应该还要大，而两极应较现在的两极还要平。汤姆逊这一回计算中所用的假定可算不少。头一件，他说地球的中央比钢还硬些。我们从天体力学上着想，倒是与他的意见大致不差；但从地震学方面得来的消息，不能与此一致。况且地球自结壳以后，其形状有无变更，其旋转究竟是怎样的变更，我们无法确定。既然汤姆逊所用的假定有可疑的地方，那么他所得的结果，当然是可疑的。

❶叙述

康德提出了潮汐摩擦力影响地球旋转速率，汤姆逊继续以此为基础进行研究，表现了天文学家们对这个问题的执着。

读书笔记

读书笔记

乔治·达尔文（George Darwin）从地月系的运转与潮汐的关系上，演绎出一种极有趣的学说，大致如下所述：地球受了潮汐的影响，渐渐减少旋转能，这是我们都知道的。按力学的原则，这个地月系全体的旋转能应该不变，今天地球的旋转能减少，所以月球在它的轨道上的旋转能应该增大，那就是由月球到地球的距离非增加不可。这样看来，愈到古代，月球离地球愈近。推其极端，应有一个时候，月球与地球几乎相接，那时的地球或者是一团黏性的液质，全体受潮汐的影响当然更大。据达尔文的意见，地球原来是液质，当然受太阳的影响而生潮汐。有一个时候，这团液质自己摆动的时期恰与日潮的时期相同，于是因同摆的原因，摆幅大为增加，一部分的液质就凸出了很远，卒致脱离原来的那一团液质，成了它的卫星，这就是月球。当月球初脱离地球的时候，这个地月系的运转比现在快多了，那时一月与一日相等，而一日不过约与现在的 3 小时相当。从日月分离以来，每月每日的时间都渐渐变长了。

读书笔记

近来，张柏伦（T.C.Chamberlin）等考究因潮汐的摩擦使地球旋转的问题，颇为精密。他们曾证明大约每 50 万年 1 天延长 1 分钟。这个数目与达尔文所算出来的数目相差太远了。达尔文主张的潮汐与地月运转学说，虽不完全；他所标出来的地球各期的年龄，虽不可靠；然而以他那样的苦心孤诣，用他那样的数学聪明才力，发挥成文，真是堂堂皇皇，在科学上永久有他的价值存在。

注释

卒致：最终导致。

（本文选自《地球的年龄》第二部分《纯粹根据天文的学说求地球的年龄》。）

天文理论说地球年龄

在讨论这个方法以前，我们应知道几个天文学上的名词。

[1] 地球顺着一定的方向，从西到东，每日自转一次，它这样旋转所依的轴，名曰地轴。地轴的两端，名曰南北极。今设想一平面，与地轴成直角，又经过地球的中心，这个平面与地面交切成圆形，名曰赤道；与“天球”交切所成的圆，名曰天球赤道。因为天球赤道与地球赤道同在这一个平面上，所以那个平面统名曰赤道平面。地球一年绕日一周，它的轨道略呈椭圆形，太阳在这椭圆的长轴上，但不在它的中央。长轴被太阳分为长短不等的两段，长段与地球的轨道的交点名曰远日点，短段与地球轨道的交点名曰近日点。太阳每年穿过赤道平面两次。由赤道平面以北到赤道平面以南，它非经过赤道平面不可，那个时候，名曰秋分。由赤道平面以南到赤道平面以北，又非经过赤道平面不可，那个时候，名曰春分。当春分的时候，由地球中心经过太阳的中心作一直线向空中延长，与天球相交的一点，名曰白羊宫（Aries）的起点。昔日这一点在白羊宫星宿里，现在在双鱼宫（Pisces）星宿里，所以每年春分、秋分时，地球在它轨道上的位置稍稍不同。逐年白羊宫的起点的迁移，名曰春秋的推移（Precession of equinoxes）。在公元前134年，喜帕恰斯（Hipparchus）已经发现这

❶**下定义**

用简洁、清晰的语言概括了什么是地轴。引出后文对南北极、赤道以及春分和秋分的介绍。

读书笔记

个事实。牛顿证明春秋之所以推移，是地球绕着斜轴旋转的结果，我们也可说是日月及行星推移的结果。春分秋分既然渐渐推移，地轴当然是随之迁向，所以北极星的职守，不是万世一系的。现在充当这个北极星的是小熊星（Ursae Minoris），它并不在地轴的延长线上。

拉普拉斯（Laplace）曾确定了一件事实，那就是地球受其他行星的牵扰，其轨道的扁度按期略有增减，有时较扁，有时与圆形相去不远。但是据开普勒（Kepler）的定律，行星的周期，与它们轨道的长轴密切相关，二者之中，如有一项变更，其余一项，不能不变。又据拉格朗日（Lagrange）的学说，行星的牵扰，绝不能永久使地球轨道的长轴变更，所以地球的轨道，即令变更，其变更之量必小，而其每年运行所要的时间，概而言之，可谓不变。

①阿得马（Adhemar）首创地球轨道的扁度变更与地上气候有关之说。勒威耶（Leverrier）又表示用数学的方法，可求出过去或将来数百万年内，任何时候地球轨道的扁率。其后詹姆斯·克罗尔（James Croll）发挥这个学说甚详，并用勒威耶所立的公式，算出过去300万年内地球轨道的扁度最大及最小的时期。

②一直到现在，我们说的都是天上的话，这些话在地上果然应验了吗？地球的过去时代果然有冰期循环叠现吗？如若地质时代果然有若干个冰期，那么，我们也可用这种天文学上的理论来定地球各冰期到现今的年代，这件事我们不能不问地质学家。

读书笔记

①叙述

写出了他们在天文学方面的贡献。

②疑问

提出地球的过去时代有没有冰期循环叠现的问题，引出后文地质学家们继续探索地球奥秘。

注释

即令：即使。

天文学家这番话，好像是应验了。地质学家曾在世界上各处发现昔日冰川移动的遗痕。遗痕最显著的就是冰川之旁、冰川之底、冰川之前，往往有乱石、泥土，或呈长堤形，或散漫而无定形。石块之中，往往有极大极重的，来自数千百里之遥，寻常河流的力量，绝不能运送那样大的石块到那样远的地方。又由冰川运送的石块，常有一面极平滑，而其余各面则棱角峭立，平滑的一面又常有摩擦的痕迹。冰川经过的地方，若犹未十分受侵蚀剥削，另有一种风景。[1] 比方较高的山岭，每分两部，上部嵯峨，而下部则极形圆滑。谷每呈 U 字形。间或有丘墟罗列，多带圆长的形状。而露岩石的地方，又往往有摩擦的痕迹。诸如此类的现象，不一而足，这是专业的地质学家的事，我们现在不用管它。

1 摹状貌

生动具体地写出了不同高度下山岭的不同形状，表现了较高山岭的险峻的特点。

读书笔记

在最近的地质时代，那就是第四期的初期，也可说是初有人不久的时候，地球上的气候很冷。冰川冰海，到处流溢。当最冷的时候，北欧全体，都在一片琉璃之下，浩荡数千万里，南到阿尔卑斯、高加索一带，中连中亚诸山脉，都是积雪皑皑，气象凛冽。而在北美洲方面，亦有浩大的冰川流徙：一支由拉布拉多（Labrador）沿大西洋岸南进；一支由基瓦丁（Keewatin）向哈得孙湾（Hudson Bay）流注；一支由科迪勒拉（Cordillera）沿太平洋岸行进。同时南半球也是一个冰雪漫天的世界，至

第四期：今称作第四纪大冰期。

读书笔记

今南澳、新西兰、安第斯（Andes）山脉以及智利等地，都有遗迹。甚至热带地方，如非洲中部有名的高峰乞力马扎罗山（Mount Kilimanjaro）的雪线，在第四期的初期，也要比现在低5000多英尺（1英尺=0.3048米）。

由第四期再往古代找去，没有发现冰川的遗痕。一直到古生代的后期，那就是石炭纪的中叶，在澳洲、印度、非洲、南美都有冰川流行的事。再往古代找去，又有许多很长的地质时代，未曾留下冰川的遗迹。到了肇生纪的初期，在中国长江中部、挪威、加拿大、澳洲等地，又有冰川现象发生。[1]过此以往，地层上所载的地球的历史，到处都是极其模糊，我们再没有得到确实的冰川流行的遗迹。

❶叙述

以往所记载的冰川现象都是非常模糊的，并没有确实的遗迹，体现了冰川的神秘。

（本文选自《地球的年龄》第三章《根据天文学上的理论及地质学上的事实求地球的年龄》的前半部分。）

地质事实说地球年龄

地质学家估算最近的冰期距现今的年限，共有几种方法。这几种方法之中，似乎以德吉尔（De Geer）所用的最为精密而且最有趣味。在第四期的初期，挪威与瑞典全土，连波罗的海一带，都是埋在冰里，前已说过。后来北半球的气候渐渐温和，那个大冰块的南头，逐年往北方退缩。当其退缩的时候，每年留下纪念品，所谓纪念品，就是粗细相间的停积物。

当春夏的时候，冰头渐渐融解。其中所含的泥土

读书笔记

砂砾，随着冰释而成的水向海里流去。粗的质料，比如砂砾，一到海边就要沉下。而较细的质料，悬在水中较久，春夏流水搅动的时候，至少有一部分极细的泥土不能沉淀。到秋冬的时候，冰头冻了，水流止了，自然没有泥土砂砾流到海里来。于是乎水中所含的极细的泥土，也可渐渐沉下，造成一层极纯净的泥，覆于春夏时所停积的砂砾之上。到明年开春，冰又渐渐融解，海边停积的情形又如去年，所以每一年停积一层较粗的东西和一层较细的东西。[1]年复一年，冰头渐往北方退缩，这样粗细相间的停积物，也随着冰头，渐向北方退缩，层上一层，好像屋上的瓦似的。

德吉尔费了许多苦功，从瑞典南部的斯堪尼亚（Scania）海岸数起，数了3.5万层泥，属于冰期的末造。[2]由冰期以后，一直到今日，约计有7000层的停积。然而由冰头退抵斯堪尼亚到今天，一共经过了1.2万年。斯堪尼亚以南的停积，为波罗的海所掩盖，德吉尔的方法，不能适用。再南到德国的境界，这个方法也未曾试过。冰头往北方退缩的速度，前后仿佛不是一致，愈到北方，有退缩愈急的情形。比如在瑞典首都斯德哥尔摩（Stockholm）退缩的速度，比在斯堪尼亚已经快了5

❶比喻　生动形象地介绍了停积物的退缩形态。

❷列数字　具体准确地写出了冰期以后停积的层数、经历的时间，表现了停积数量极多。

注释

砂砾：地质学家认为地球在第四纪大冰期的初期，北半球的气候渐渐温和，大冰块的南头逐年往北方退缩，其中所含的泥土砂砾，还都属于原始地球的产物。在砂砾、淤泥和黏土中，砂砾是最大的，直径大于2毫米，淤泥直径小于1/16毫米，黏土最小，直径小于1/256毫米。这种地质时代的“砂砾”与现代人讲的“沙砾”不同。

读书笔记

倍。按这样推想，冰头在斯堪尼亚以南的时候，比在斯堪尼亚应该还要慢些，所以要退出与在斯堪尼亚相等的距离，恐怕差不多要2500年。那有名的地质学家索拉斯(Sollas)，以这种议论为根据，暂定由最后的冰势最盛时代，到它退到瑞典南岸所费的年限为5000年，然则由最后冰期中冰势的全盛时代到现在，至少在1.5万年以上，实数大约在1.7万年。在澳洲南部，地质学家用别种方法，求出当地自从最后冰期到现在所经历的年数，也是1.5万—2.0万年。两处的年数，无论是否偶然相合，总可算得一致。那么，我们应该承认这个数目有点价值。

①现在我们看天文学家的数目与地质学家的数目相差何如？至少要差6万年。我们知道德吉尔的方法，是脚踏实地，他所得的数目是比较可靠的。然则开尔文的数目，我们不能不丢下。况且按天文学的理论，地球不能南北两半球同时发生冰川现象，而在过去时代，我们所知道的三个冰期，都不限于南北某一半球。更进一层说，假若开尔文的理论是对的，那么，地球在过去的时代，不知已经过几十百回的冰期，何以地质学家在地球上各处找了数十百年，只发现三回冰期？如若说是冰期的遗迹没有保存，或者我们没有发现，这两句话未免太不顾地质学上的事实，也未免近于遁词。

❶设问

提出天文学家的数目与地质学家的数目相差几年的问题。为下文解释相差6万年埋下伏笔。

原来地上的气候，与天文、地理、气象三项中许多

注释

遁词：因为理屈词穷而故意避开正题的话。

的现象有密切的关系。这三项现象，寻常互相调剂，所以地上气候温和。若是三项合起步调，向一方面走，那就能使极端热或极端冷的气候发生。比方，现在的西北欧，若没有湾流的调剂，虽不成冰期，恐怕与冰期的情形也要差不多了。总而言之，开尔文一流天文学家所创的学说，如若不大加变更，大加修正，恐怕纯是纸上空谈，全以他们的理论为根据去定地球的年龄，正是所谓缘木求鱼的一段故事。

天文方面，既然不得要领，我们现在就要问地质学家，看他们有什么妥当的方法。

（本文选自《地球的年龄》第三章的后半部分。）

地球热的历史说地球年龄

地球上何以这样的暖？我们都知道是那太阳，从古至今，用它的热来接济我们。然则太阳里这样仿佛千古不变的热力是如何来的呢？这个问题，已经费了许多哲学家和物理学家的思索。他们的思想，从历史上看来，自然是极有趣味的，可惜我们没有工夫详细追究，现在只好说一个大概。

德国有名的哲学家莱布尼兹（Leibniz）同康德，都以太阳为一团大火，它所发散的热，都是因燃烧而生的。自燃烧现象经化学家切实解释以后，这种说法当然

纸上空谈：指不切实际的空论。

读书笔记

不能成立。俟后，迈尔（Mayer）观察摩擦可以生热，所以他想太阳的热也许是许多陨星常常向太阳里坠落的结果。但是据天文学家观察，太阳的周围，并非常常有星体坠落，假若往太阳里坠落的星体如是之多，太阳的质量必然渐渐增加，这都是与事实相反的。

读书笔记

赫尔姆霍兹（Helmholtz）以为太阳的热是由它自己收缩发展出来的。太阳每年散发的热量，可由太阳的射热恒数（solar constant of radiation）求出。赫尔姆霍兹假定太阳当初是一团星云（nebula），逐渐收缩，到了今天，成一个球形，其中的质量极匀。并且他算出太阳的直径每缩短 1‰所生的热量，可与它每年所失的热量的2万倍相当。赫尔姆霍兹据此算出太阳的年龄，大约在2000万年以下。如若地球是由太阳里分出来的，当然地球的年龄，比2000万年还少。开尔文（Kelvin）对于这个问题的意见，也与赫尔姆霍兹相似，不过他相信太阳的密度愈至内部愈大。

据物理学家近来的研究，所有发射原质当发射之际，必产生热。又据分析日光的结果，我们早知道日中含有氦（He）质，所以我们敢断言太阳中必有发射原质。因此，有许多人怀疑发射作用为太阳发热的主因。[1]据最近试验的结果，1000万克（gram）的铀（U）质在“发射平衡”之下，每1小时能生77卡（calorie）的

❶作比较……突出了铀发热性很大。

注释

射热恒数：今译作太阳辐射常数。

热，而同量的钍（Th）所发散的热量不过26卡。太阳每1小时每1立方米所发散的热，平均约300卡，这些热量，假若都是由太阳内的发射原质（如铀、钍等）里发出来的，那每1立方米的太阳质中，应有400万克的铀。但是太阳平均每1立方米的质量只有1.44×10^6克，即令太阳的全体都是铀做成的，由这种物质所生的热仅能抵挡它所消费的热量的1/3。所以以发射原质产生的热为太阳现在唯一的热源，所差未免太多。

[①] 据阿伦尼乌斯（Arrhenius）的意见，太阳外面的色圈（chromosphere），大概都是单一的物质集合而成的。它的温度在6000℃—7000℃。其下的映像圈（photosphere）里的温度，或者高至9000℃。愈近太阳的中心，温度和压力愈高、大。据阿氏的学说计算，太阳的平均温度比它外面色圈的温度应高1000倍。在这种情形之下，按勒夏特列（Le Chatelier）的原则推测，太阳中部应有特别的化合物，时时冲到外部，到温度较低的地方爆裂，因之生热。我们用望远镜往往看见太阳的表面有凸起的地方，或者就是这种冲出的气流。这种情形，如果属实，那我们现在从热的方面，无法推算出太阳自有生以来所经历的年代。

关于这个问题，近年来法国物理学家佩兰（Perrin）利用原子论和相对论做了一番有趣的计算。佩兰因为天文学家断定许多星云都是由氢气组成的，所以假定化学家所谓的种种元素都是由氢气凝结而成的。氢的原子量是1.008，而氦的原子量是4.003，那由氢而变为氦，必

❶列数字

具体准确地写出了太阳外面色圈的温度和映像圈的温度，说明太阳自身热量很高。

读书笔记

要失掉若干质量，质量就是能力，这些能力当然都变成热。照这样计算，佩兰算出太阳的寿命为10万兆年，地球年龄的最大限度，应为这个数目的若干分之一。但是我们若要从热的方面求地球自身的年龄，还不能不从地球自身的热量着想。

❶叙述

介绍了不同深度的地方温度也会有所不同，地温的增加率也不同，引出下文的假说内容。

[1] 我们都知道到地下愈深的地方温度愈高。地温的增加率随之多少有点不同，浅处的增加率与深处的增加率当然也不等。据各地方调查的结果，距地面不远的地方，平均每深35米温度增加1℃。从这种事实，又从热能力衰退（degradation of energy）的原则着想，开尔文根据泊松（Poisson）的假说，追溯地球从前必有一个时期，热度极高，而且全体的热度均一，后来它的热能力渐渐发散，所以表面结壳，失热愈多，结壳愈厚。

（本文选自《地球的年龄》第六部分《据地球的热历史求它的年龄》。）

地史的纪元

读书笔记

听说去年乔利（Joly）教授在牛津大学讲第27次波义耳讲演（Robert Boyle Lecture）时，又提起地球年龄的问题。乔利对于这个问题素有研究，并曾出专书讨论。此次讲演，想必更有新发明，可惜我们不能当场领教，而且连他的讲稿亦不曾看过。直到现在，我

注释

本书中的“兆”指的是一百万。

们在今年四月出版的《自然》上，看见霍姆斯（Arther Holmes）批评他的文字，才知道这个半生半死的问题，近来在西方又复活起来了。

头一件事令我们注意的，就是乔利此次提出讨论的题目。从前关于这一类的讨论，一般科学家所用的题目都是“地球的年龄”。乔利此次不说地球的年龄，而说“地史学上地球的年龄”。这种命题，的确可以免去一般人的误解。历史学家从事实上不能不把人类的历史分为有史以前和有史以后的两段，地史学家似乎也应该把有地史（指有地史的遗迹而言）以前和有地史以后的时期分为两段。在前一段时期中，地球经过何等的变化，经过若干年代，依我们现在的知识看来，谁也不敢断言。地球究竟是如何产生的，还是一个悬案，怎能大言不惭地去说地球的年龄？

读书笔记

①地球前半的历史，固然现在还是一笔糊涂账，但是自从海陆划分以来，至少地面上的变更，确实有许多遗迹可考。这个海陆划分的时期，可算是地史发端的时期。乔利所说地史学上地球的年龄，也就是从这个时期算起。

❶比喻　将地球前半段的历史比喻成糊涂账，生动形象地写出了地球前半段历史的神秘。

前面已说过，我们是未曾读过乔利的论文的人。我们当然不敢妄发议论，批评乔利的长短。但是霍姆斯也曾著了一本专书，讨论地球经过的年代。他在《自然》上对于乔利教授的批评，对与不对，我们虽然不便加以严格的判断，但是他所发表的意见，的确可以供我们参考。

在介绍霍姆斯的意见以前，待我先把关于计算地球年龄的几种重要方法略述一遍：

（1）**根据地球的热状**。在各种方法之中，恐怕要算这种方法最早，由汤姆逊（Thomson）首先提出。汤姆逊假定地球最初为一团热汁。这团热汁，渐渐冷却，必定发生对流（convection）现象，使中心与表面的温度大致相等。等到全体凝结成了固体，它的温度才能下降。历时愈久，表面与中心的温度相差愈大。换句话说，地球自从凝结成了固体以后，它全体便不能保持平均的温度，愈到内部愈热，愈近外面愈冷。在一定的时期，一定的地点，温度的变更率（temperature gradient）、传热物质的密度、比热及其传热率有一定的关系。那种关系，可以用傅立叶（Fourier）的方程式表明。现在地球表面上温度的变更率、各种岩石的平均密度、比热以及传热率，都能实地测验。所以只要知道地球凝结时的温度，我们应该可以算出造成现今温度变更率所要的年代。汤姆森假定当地球凝结时的温度为7000 ℉（华氏温度），即3871℃，算出的结果得出地球的年龄为96兆岁。汤姆逊正在那里自鸣得意，忽然翻出一群地史学上的事实，证明他的地球未免年纪太轻了！

读书笔记

这种方法的缺点是显而易见的。不用讲我们不能假定地球的过去，有一个时期全体固结，全体温度平均。① 就是现在除了极肤浅的壳子以外，我们并不敢断定它是什么物质构成，呈什么状态，况且有许多放射元素，至少在地壳中不断地供给热量。假若放射元素在地中分配的情形，与在地面相似，据计算的结果，地球的温度

①叙述：说明汤姆逊的计算方法有一定的缺陷。

不但不能减少，还应增加。对于汤姆逊的大作，我们似乎不必再客气了。

（2）**根据地层的总厚**。这种方法，也是很早的。它的原则，极为简单。我们都知道，地面的岩石有一部分是由泥土、砂砾固结而成。那些泥土、砂砾之所以发生，大半是因为已成的岩石受了风雨的摧残，经过河流的输送，而停积在湖海里的。在停积的当时，虽是杂乱无章的泥砂，而历时甚久，就变为层层垒叠的岩石。自海陆划分的时期以至今日，陆地受风雨的剥蚀，不或停止。所以水里的停积物，也是层复一层，不断地增加。现在假如知道地球上停积岩层的总厚，又知道每年停积的厚度若干，用后者除前者，应该得出地球自海陆划分以来的年数。

读书笔记

这个方法，在理论上再简单不过，可是在事实上，则大谬不然。因为关于除数和被除数的调查或计算，都是大费工夫。那些难处，我们不必一一从理论上讨论，单看下表中所列各家计算结果相差若是之远，就够了。

读书笔记

调查人	岩层总厚	每停积一英尺厚所要的年数	年龄
赫胥黎	100000 英尺	1000	100 兆
赫顿	177200 英尺	8616	1526 兆
拉巴朗	150000 英尺	600	90 兆
格基	100000 英尺	730—6800	73—680 兆
索拉斯	256000 英尺	100	25.6 兆

❶反问
表现了这种方法的不足。

[1]即令将来我们得到极详细的调查，我们有什么方法断定现今的停积率与过去的平均停积率成如何的比例？然则这第二种方法也不可靠。

（3）**根据海中的钠量**。溶在海水中的盐质，种类虽多，只有钠（Na）质有蓄积于海中的趋势。其余各种盐质，终究必被排去。假若知道现在海中溶钠的总量若干，又知道现今每年由河流输送到海里去的钠量若干；如若每年加入的钠量千古不变，我们立刻就能算出自从世界上有海洋以来到今日所经历的年代。据默里（Murray）的调查，世界上海水的平均密度为 1.026×10^3 千克/立方米。又据卡斯腾（Karsten）的调查，海洋全体的容积为3.07496亿立方英里（1立方英里=4.1678立方千米）。所以海洋全体的质量为 1.17827×10^{18} 吨。钠质在海水中，平均占1.08%（据Dittmax）。[2]所以现在海中的总钠量应为 1.26×10^{16} 吨，每年由河流送入海洋的钠量世界总计有1.56亿吨。从这两个数目，得出海洋的年龄约80.88兆年。

❷列数字
通过列举现在海中的钠的含量与每年海洋流入的钠的含量，来计算海洋的年龄。

如此计算，在算术上虽然没有误差，但是事实上还有许多困难。关于海洋中钠质的总数，以上所说的几项调查，还算精密，大约与实数相去不甚远。至若关于海洋中每年增加的钠量，调查计算，都不容易。前面说的数目，乃是从分析世界上各大河流排泄物所得结果。[3]据精密的考察，河流中所含的钠，有一部分是从海里

❸叙述
表现了当时计算钠含量的复杂性。

注释

1.17827×10^{18}：根据密度公式计算，结果似应为 1.31492×10^{18}。——编者注

1.26×10^{16}：根据原书数据计算应为 1.27×10^{16}；根据计算数据，似应为 1.42×10^{16}。——编者注

至若：相当于“至于”。

吹来的。那种吹来送去的钠质，当然不应列入每年增加的量中。我们还要知道，在过去各地质时代，有一部分的钠质，时而和泥砂混在一道，加入在岩石里面；时而与岩石同时受侵蚀作用，转入海洋，转来转去，成循环的状况。[①] 最后还有一层绝大的疑问，那就是当海洋初成的时候，海水中是否已经有若干钠质，无从断定。凡此等等，都足以表明实际上计算的困难。

①叙述

经过不断地计算，最终还是无法精确地断定出钠的含量。这说明当时计算十分困难。

（4）**根据含放射元素的矿物中铀与氦或铅的比率**。在种种测算地球年龄的方法中，要算这个方法最新、最漂亮，也可说是最靠得住。我们在实验室中，已经得了十二分的证据，证明铀、钍等质，放射了亚尔发质点后，即变为其他种放射元素。那新发生的放射元素，又放射亚尔发质点，又变为其他种元素。如此递变不已，最后变成铅质。每一种放射元素，都有一定的生存期限。由一定的分量减到一半所要的时间，普通名曰半生期。各种放射元素的半生期，都是一定的，与温度压力化合的状态等等绝对没有关系。放射出来的亚尔发质点，都是荷电的质点。它失掉了电性，就成了氦气。所以凡属含铀、钍等质的矿物，其中必有若干氦和铅存在。据精细的测验，每一钱（1 钱 = 5 克）铀质，每年可发生 1.22×10^{-10} 钱的铅。因为这种变化进行极慢，所以铅的产生率可视为一个恒数。

读书笔记

注释

半生期：具有放射性的元素，其放射性衰变至一半量时所需的时间，称为“半衰期”。也称为“半生期”。

假如现在有一块含铀的矿物，我们知道它所属的地质时代，我们只要测出那块矿物中铀与铅的比率，再用1.22×10^{-10}除之，就可以知道从那个地质时代到现在的年数。

这种计算的方法，在理论上似乎极为圆满，但是事实上也有不容易解释的地方。[①]比如根据同一地方、同一时代的各种矿物计算，所得的结果往往不等，而从含铀矿物所得的结果，往往高于从含钍矿物所得的结果。乔利教授举出一个例子：锡兰有一种黑铀矿（Pitchblende）和一种钍矿（Thorite），同产于一地，但是从铀、铅的比率计算，得512兆年；而从钍、铅的比率计算，只有130兆年。

①举例子 表现了这种计算方法存在一定的局限性。

读书笔记

现在我们再来看看乔利的结论和霍姆斯的批评。乔利的结论，仿佛是注重某种含钍矿物中的钍与铅之比，而以海洋的咸度（即钠量）为佐证。他主张自玄古时代（Archaean）到现今，大概在160兆年至240兆年之间。

霍姆斯对于乔利所选择的材料一点都不满意。他说钍中的铅，容易溶解。所以乔利所用的钍矿，其中必有一部分铅已经消失，因此所得的年数过小。铀矿中的铅比较难于溶解，所以自初次产生以来，应该都蓄积在矿中。乔利不用铀矿而用钍矿，的确有点不妥，就是钍矿中也有年龄超过400兆年者，更足以证明霍姆斯的意见。至若海洋的咸度，关系复杂，前已说过，殊不足引为佐证。若仔细地思量，恐怕向来从海洋咸度所算出来的年龄，只有失之太少，或失之太多。

读书笔记

关于研究地球的年龄，乔利教授总算是一位前辈。但是他去年在牛津大学所发表的新结果，我们不敢完全赞成霍姆斯的辩证，似乎都有相当的道理。将来关于放射元素测验的方法，假若更加精密，恐怕计算的结果，只有数目增大，不会减小。在现今的知识程度之下，我们无妨认定自从玄古时代到今日的年数，与中国的人口数——那就是400兆，人致相等。

（本文刊于1926年《现代评论》第4卷，第94期。）

读书笔记

启蒙时代的地质论战

① 地球是宇宙中一颗渺小的星体，是太阳系行星家族中一个壮年的成员，有丰富的多种物质，构成它外层的气、水、石三圈，对生命滋生和生物发展，具有其他行星所不及的特殊优越条件。

❶叙述

介绍了地球的性质及其优越的条件。

人类生活在地球上，在地球上从事生产劳动，要了解它的历史和现状，这是很自然的，也是有必要的。"地球上"这个词，从范围看，应该包括陆地、海洋和地球表面以下一定的深度，还有在我们地球表面以上的大气层。这层大气，也是地球上部的组成部分，大气的底部，与人类的生活息息不能分离，与地球表面所发生的变化，在很大范围内有密切的联系。人类在改造自然、改进生活的斗争中，一直在和地球的表层打交道。看来，有一种趋势，今后还要以更大的努力与大气层和地球深部不断地作斗争。关于大气层中各种问题的探索

读书笔记

读书笔记

和解决，主要由气象工作者和天文工作者分别担任；地球表层和深部的探索工作，无疑属于地质工作的范围。

人类通过在地球上从事生产劳动，逐步对地球有所认识，那些认识，最初总是感性的。为了突破“必然王国”的束缚，进入“自由王国”，首先就需要掌握在上述范围内自然界不断发展的规律，才好总结自己的经验，从而把认识自然的水平提高。

地质科学大体上是在这种要求的基础上发展起来的。历史的记载告诉我们，自古以来，就有些人注意到构成地球表面那些有形的东西，不是永远“安如泰山”“坚如磐石”，而是在不断发生变化。这在中国恐怕传说最早，如中国《麻姑山仙坛记》上就提出过“东海三为桑田”。在古希腊，公元前500年，哲罗芬就注意到现今海水里的螺、蚌等类，在莫尔他岛上夹在远远高出海面的崖石中。其他，如宋代（11—12世纪）的沈括、朱熹，意大利的达·芬奇（15—16世纪）对海陆的变化，都提出了比较更具体的地质现象作证。所有这些，都是一些粗略的概念，而没有成为地质科学开始发展的基础。

读书笔记

近代地质学，可以说是从西北欧那个小天地之中开始发展起来的。当地当时极顽固的宗教势力，对自然科学，首先是地质科学，跟着就是生物进化论，是不共戴天的。尽管当时的宗教经过了一些改革，但那些宗教权威还是死死抱着一种传统的迷信来迷惑广大的人民群众，在意识形态上、在政治上巩固他们的统治地位。他们说，世界是公元前4004年，上帝用了6天的工夫一手创造出来的。而地质学家和古生物学家，发现了愈来愈多的事实，与上述宗教的迷信是格格不入的。不仅格格不入，而且科学家的观点是为宗教所不允许的。这样，就发生了科学，首先是地质学与宗教的一场你死我活的斗争。随后，资本主义世界中，宗教势力有悠久的根深蒂固的传统。到了今天20世纪的时候，在西方，宗教势力的影响并没有肃清。

读书笔记

当地质学开始发展的时候，对地质现象进行探索的主要任务，都是立足在他们所见到的事实上而从事劳动，他们的大方向基本上是一致的。虽然，教会把他们这些人都看作“异端”，把他们的话都当作“邪说”，而他们彼此之间，却因为观点不同，对同样的现象认识不一致，这就形成了“水成论”和“火成论”两大学派。

一、火成学派与水成学派之争

以德国人维尔纳为首的水成学派认为，地球生成的初期，其表面全部被“原始海洋”淹没。溶解在这个原始海洋中的矿物质逐渐沉淀，从这些溶解物中，最先分离出来的东西是一层很厚的花岗岩，它铺在表面起伏不平的地球“核心”部分上面，随后又沉积了一层一层的结晶岩石。维尔纳把这些结晶岩层和其下的花岗岩称

读书笔记

注释

花岗岩：大陆地壳的主要组成部分，是一种岩浆在地表以下凝结形成的岩浆岩，属于深层侵入岩。

为“原始岩层”。他认为“原始岩层”是地球上最老的岩石。他又认为，由于后来海水一次又一次下降露出水面的、由原始岩石所形成的山头，经过侵蚀又形成了沉积岩层，他把这些沉积岩层称为“过渡层”。他认为，“过渡层”以上含有化石的地层，都是由“原始岩层”变相而产生的东西。他坚持其中所夹的玄武岩，是沉积物经过地下煤层发火而烧成的灰烬，不是岩流。1787年冰岛（大西洋北部）炽热的玄武岩大量爆发，铺满大片地区，当时在西北欧，人们认为是轰动世界的大事。在这次大爆发发生20多年以前，德默里已经在法国中部一个采石场里，发现了黑色的典型玄武岩，他跟着这个玄武岩体一步步地追索，直到到达一个火山口。这一发现完全证明了玄武岩就是火山爆发出来的岩流。这个事实，给了水成论点以严重的打击。德默里经常不愿意和反对者争论，只是说：“你去看看吧。”然而，水成论者还是围绕着维尔纳，坚持他们的论点，始终认为玄武岩不是熔岩凝结而形成的，而是采用了其他不大合理的解释。

读书笔记

读书笔记

[1] 维尔纳是当时最有威望的矿物学家。他亲身采集的矿物种类很多，鉴定分类工作也是丝毫不苟。他对他的学生也是非常认真、严格，可是他的性格是异常顽固的。他住在德国的萨克森地区，在一个小矿业学院里从事教学工作。他家境贫寒，没有资金到远处去看看，所

❶叙述

介绍了维尔纳在矿物领域的地位以及他对工作严谨、努力的态度。

注释

玄武岩：属基性火山岩。是地球洋壳和月球月海的最主要组成物质，也是地球陆壳和月球月陆的重要组成物质。

以他所见到的地质现象仅限于萨克森地区的地质现象，对地质现象的解释，当然也受到了萨克森那个地区的限制。就萨克森地区来说，他的论点，大致也可以过得去。

以英国人赫顿为首的火成学派认为，由多种矿物结晶，包括石英所组成的花岗岩，不可能是矿物质在水溶液中结晶出来的产物，而是高温度的熔化物经过冷却而形成的结晶岩体。由于花岗岩在地球表面的岩石层中占基础的地位，所以花岗岩的生成问题就和地球上岩石的生成问题，也就是地球发展历史的问题，在很大的程度上是分不开的。[1]火成论者进一步从这种花岗岩母体的边缘部分，找到了许多由它分出的结晶花岗岩脉插入周围的岩石之中，认为石英这一类矿物绝不可能溶在水中，怎么可能从水溶液中结晶出来呢？他们更进一步考察了和花岗岩体或岩脉接触的岩层，往往很明显呈交错和胶着的状态，这就更证明了高温熔岩侵入的作用。另外，火成学派经过仔细察看发现，组成玄武岩的矿物颗粒，也大都是从熔化状态下受到冷却而结晶的产物。诸如此类的事实，对水成学派的论点都是不利的。

赫顿这个人的性格比较温和，不像维尔纳那样顽固，没有做出像维尔纳那样公开顽强的表现，虽然他在内心对他那一派的观点是很坚定的，但在他的生前人们很少注意到他所提出的问题。赫顿这一派受到的压力，不仅来自水成学派，而且来自比水成学派更不利于宗教传统的信念，这就使他们受到宗教很严酷的迫害。还有

读书笔记

❶疑问

提出问题，引出下文。

读书笔记

一个原因，就是赫顿学派转入了下一场激烈的斗争，即渐变论和灾变论的斗争。而宗教势力对渐变论的观点是痛心疾首的。

❶叙述

说明了水成学派和火成学派对于整个地质科学发展史的作用，推动了科学史的发展。

①从地质科学的发展历史来看，在这个发展初期的阶段，水成学派和火成学派都做出了一定的贡献，在近代科学萌芽的阶段，他们在不断的斗争中，陆续地把地质科学向前推进。

当时斗争的激烈情况，可以从下述故事得到一点印象。在苏格兰爱丁堡一个小山上的古城下，两派开了一次现场讨论会，彼此互相指责和咒骂达到了白热化的程度，结果用拳头互相殴打一场，才散了会。散会以后，在愈来愈多有利于火成学派观点的事实面前，一时在地质学中占统治地位的水成学派内部逐渐瓦解，一向坚决支持维尔纳的门徒也一个个溜走了，最后以水成学派的完全失败而告终。这样，人们对地质现象的认识就大大地提升了一步。

读书笔记

二、渐变论与灾变论之争

以法国居维叶（Cuvier）为首的灾变论学派认为，过去世界上一次又一次发生过灾难性的大变化，经过每一次灾变，世界的景象突然改变。例如过去有过洪水时期，在这个时期，洪水到处泛滥，山川原野和一切景物都改变了面貌，生物大批灭亡，经过这样一次毁灭性的变化以后，一个新的世界又重新出现。灾变论者指出，像79年毁灭意大利的庞培和赫库兰尼姆那些巨大的繁荣城市，活活地把千千万万的人埋在横扫一切的岩流之下的事例，就是灾变论最好的证据。当时，在西欧引起了广泛极度的恐慌。灾变论者抓住这些事实，纷纷议论，说既然在意大利的一个地区现在有这样的事实发生，[1]难道在全世界更古的时代，就没有发生过规模更大的火山爆裂、白热岩流广泛流注，造成更可怕的灾难吗？如若灾变论者当时知道，在印度西部，大约在始新世时代，在中国西南部，石炭纪与二叠纪时代，地下突然有大量玄武岩迸出，范围之大远远超过了毁灭庞培那一次的火山爆裂；如若灾变论者当时知道，在人类已经出现的时期，在世界上不止一次出现了厚度达几百米乃至几千米的冰流，填满了山谷，覆盖着原野，形成一望无际的冰海，这个冷酷的景象，给人类和其他生物带来的灾难又是来得多么突然！多么可怕！我们今天追索地球上一切景物变化的过程，还可以代替灾变论者举出其他不少毁灭性的变化来支持他们的观点。例如，在地层中我们往往发现古生物群忽然而来、忽然而去等等。

另外，还值得提出的是，灾变论者指出了洪水为灾以致生物的大批死亡，这很接近《圣经》上所提的洪水为灾的故事，因而得到了宗教势力的支持。

灾变论者指出了地球上突然发生的巨大变化，这对人们认识自然现象有一定的激发作用；而他们片面地强调这些现象，好像大自然的变化是没有秩序、没有规律

❶反问

因为当时发生灾难，人们推断在很早以前也应该有过这样的灾难问题。

读书笔记

读书笔记

读书笔记

的，这又对人们认识自然所需要的科学态度无所启发。

渐变论的倡导者，实际上也是以赫顿为首的。在他和水成论作斗争的年代里，他愈来愈清楚地认识了地球的自然变化是极其缓慢的，现在是这样，过去也不外乎这样。赫顿认为，我们只能根据现在世界上发生的一切，来了解和追索过去发生的一切，他认为这是很现实的。什么世界时时受到超自然灾难的设想，对赫顿来说，简直是神秘不可思议的。他对于这一点的信心，最好是用他自己的语言表达出来，他说，推动自然现象除了对于地球是自然的力量以外，再没有别的力量可以适用，除了在原理上我们所知道的行动（指自然界）以外，再没有别的可以许可。赫顿毫不含糊地指出，现在地面上的山谷原野，并不是一成不变的，而是逐渐消耗剥落成为泥砂、石子，被流水带到海里成层地积累起来，这些东西要是固结了就和陆上的岩层一样，积累是非常慢的。陆上那么厚的岩层应该代表多么长的时间！这就对地球的过去打开了几乎难以置信的漫长历史，这个漫长的地质历史时期，自然力流行，看来没有什么和今天不同。

赫顿的论点，在他生前虽然没有引起人们的注意，但到了他的晚年即 18 世纪的末叶，人们关于地层的知识一天比一天丰富起来了，因此灾变论也就不知不觉被渐变论代替了。特别是 18 世纪后期，英国的史密斯在他开掘运河的工作中，取得了大量有关地层的资料，运用化石划分地层、对比地层。根据化石的种类，不仅在西北欧那一小块地方建立了地层发展的层序，从而揭开了漫长的地质历史，而且这一方法的运用扩展到了世界的许多地区。

读书笔记

19世纪中叶，莱伊尔（Lyell）的名著《地质学原理》一书，总结了到他那个时代为止的经验，提出了“渐变论”这个名词。他把对矿物、岩石、地层、古生物等方面的研究，都纳入了地质科学的领域。他第一次把维尔纳的“原始岩石”中的结晶岩层区分开来，称为变质岩类。“变质”这个词，明确地显示着一切变质岩类，都是由普通的沉积岩层经过高压和高温的作用，发生了结晶和再结晶而形成的。后来的工作，证明了莱伊尔的看法是基本正确的。

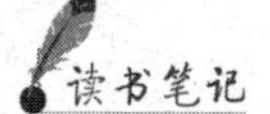

莱伊尔对火成岩的组成和形态作了分析，指出了它们在许多地质现象中，并不像火成学派与水成学派激烈论战时那么重要。从莱伊尔的著作中可以看出，地层中所含的化石，是追索地球历史发展过程的主要资料。莱伊尔的这个观点，奠定了现代地质科学发展的基础。可以说，100多年以来，全世界的地质工作基本上是以地层学为主导的。人们在这里、那里，在这个时代、那个

层序：地质学名词。层序是一套相对整合的、成因上有联系的、以不整合或可以与之对比的整合面为界的地层。

变质岩：三大岩类的一种，是指受到地球内部力量改造而成的新型岩石。

火成岩：或称岩浆岩，地质学专业术语，三大岩类的一种，是指岩浆冷却后成形的一种岩石。

时代，发现了火成岩的活动、地质构造运动和生物世界层出不穷的变化等等，在很大的程度上都是与地层学和古生物学的发展分不开的。

❶叙述

大量地质调查机构的设立，推动了地史学的发展进程。

①为了寻找矿物资源，世界上许多地区设立了地质调查机构，取得了大量的地质资料，特别是有关地层的资料，这就大大地扩展了地史学的领域，大大地丰富了它的内容。但是，由于100多年来，人们对地质现象的认识和采用的方法，基本上是以地层所提供的资料为主导的，这样做，固然发展了地质学，但也束缚了地质学的发展。地层的记录，无论在哪个地区，总是残缺不全的，即使把全世界各处保存下来的地层全部拼凑起来，也不能反映地质时代的全部历史，而地质时代的历史，仅仅是地球历史极短的、最后的几页。

读书笔记

在这100多年来，现代的地质科学没有重大的跃进，但也发现了一些极堪注意的大问题，至今还没有得到解决。现在，把这些重大的问题分篇扼要地叙述一下。

（本文选自《天文·地质·古生物》第二部分。）

地层工作的要点

一、地质时代的划分

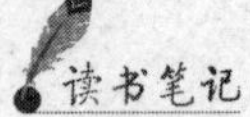

所谓地质时代，并没有严格的界限，一般是从最老的地层算起，直到最新的地层所代表的时代而言。最老的地层，当然包括变质岩层；最新的地层包括冲积层。

广泛的实践经验证明，除了变质岩以外，许多不同时代建造的地层往往含有不同种类的化石，其中经常可以找出若干族类、种类只出现于某一段地层或者仅限于某几层地层。根据这种普遍存在的现象，在每一个地区从事地质工作的人们，经常注意在地层中寻找化石或者化石群作为标志来和其他地区的地层对比。有些化石是很特殊的，在上下地层垂直分布的范围很小，而在全世界的水平分布却很广。不管在各处的地层的岩石性质是否相同，只要它们所含的标准化石或化石群相同，它们的地质时代就是相同或大致相当的。这样一来，古生物化石的研究就成为划分地层的重要途径。

尽管在古代，宗教徒对化石公然提出了一些诡怪的说法，然而那种迷信很快就被古生物学揭穿了。

这样，从发展过程的历史来看，古生物学和地层学是密切联系着的两个学科，但是就在它们发展的过程中，发生了争论，形成了两派：一派主张古生物学和地层学应该合起来搞；另一派主张把古生物学分开，让地层学站在一边，而由古生物学自己根据生物进化的过程建立一个独立的学科。这两派有时争论很激烈，有时也按传统习惯“各自为政”，到今天形势还是这样。

不管怎样，利用古生物遗迹和遗体来划分地层，在世界范围内，对地质的历史已经做出了很大的贡献。①而地层在层序上，在阐明上下的关系，也就是新老的

读书笔记

读书笔记

①叙述

描写了地层的层序，阐明了新老关系，为古生物的研究提供了条件。表现了地层以及古生物遗体对于地质研究的贡献。

注释

标准化石：化石中可用作确定地层年代的已灭绝的古动物或古植物化石，称为标准化石。现通常称为“标志化石”。

关系上，对古生物某些种族的发展过程，也提供了确实可靠的依据。

含有古生物遗迹或遗体的地层，只限于全部地层较新的一部分。这个较新的一部分，已经根据上述的观点，划分为若干时代的产物。但是现在已经发现了，还有很厚一段较老的地层基本上不含化石，那就需要用其他的方法来鉴别它们产生的时代。未变质或浅变质的较老的地层，在中国叫震旦系，最厚达一万多米。但是，这个名词在国外有的用，有的还固执地不用，统称为前寒武纪；而我们国家搞地质的也有一种跟外国传统走的倾向，也跟着叫前寒武纪，而不叫前震旦纪。

读书笔记

自从某些物质蜕变现象被发现以来，人们就利用某些元素，特别是铀、钍、钾等的蜕变规律来鉴定地层的年代。因为用这个方法可以求出地层中或火成岩体中原来所含蜕变矿物存在的年龄，所以一般称为绝对年龄鉴定法。实际上，所谓绝对年龄，并不是绝对的，它只提供一个概略的数字。因此，这个名词不恰当，最好称作同位素年龄鉴定法。

二、地质构造运动的时期问题

①叙述

通过对地层的解释，引出对这种运动的阐述。

[1]地层并不是在水里或陆地上一层加一层平铺上去

注释

前寒武纪：是自地球诞生到6亿年前的这段时间。

的东西，而是在它们形成的某些阶段、某些地带发生了程度不等、方式不同的运动。这种机械运动，只要达到了一定的强度，就从参加运动中的地层的特殊结构反映出来。运动以后，受影响的地层，就不再是一层一层平铺上去了，而是发生规模不等的挠曲、褶皱、断裂等现象。同时，有些地区，由于受了挤压或地下深部隆起，上升成山岳；另外一些地区平缓地下降成为洼地、湖沼或为海水所淹没。在山岳地带，由于大气中的侵蚀作用，高山逐渐被剥落，乃至夷为平地；而在低洼地区，就接受那些剥落下来的物质，如石块、泥砂之类，暂时地或永久地停积下来。经过了这样一次地质构造运动以后，如果大面积地区又被淹没，那么在被削平了的挠曲、褶皱的地层上面，又会沉积一系列平铺的岩石。这些新沉积的岩层和其下老岩层不整合的关系，就标志着在某一个地质时代，地球上某一地区或地带发生过比较强烈的运动。有时，在这种运动发生的时期，在有关的地区往往有不同形状的火成岩侵入；同时那些侵入体有时带来了各种有用的矿产，这一切，当时也被削平了，也为新地层所覆盖。

读书笔记

读书笔记

上面所说的现象，是在地球上许多地区经常见到的，它们对有关地区的地质发展过程，也就是那个地区的地质历史是具有极其重要意义的，这一点没有问题。问题在于：

读书笔记

（1）究竟这一段历史发生在什么时代，就是说在不整合面的上面的地层和下面受了短期或长期侵蚀的地层，能不能依靠古生物的鉴定，或者同位素年龄的鉴定来找出确切的答案呢？一般，确切的答案是很难得到的。

❶疑问

提出沉积物是不是被侵蚀掉，地层有没有记录的问题，引发读者思考，引出下文。

（2）[1] 在不整合面代表一个长期受侵蚀的情况下，难道不会在这个受侵蚀的时期中，在不整合面上，有个时期被水淹没过，也停积过沉积物，后来，由于上升露出水面，又被侵蚀掉了？这样的过程，就没有地层的记录可考？我们不能排除这种情况的可能性，也不能排除这种事情反复发生过几次的可能性。中国北部，奥陶纪地层和石炭纪、二叠纪地层之间，有很长的时期缺乏地层的记录，这就是很好的一个例子。

（3）既然侵蚀的时间不能确切地鉴定，那就很难把在某一个地区发生的某一次运动和另外一个地区发生的某一次运动，严格地联系起来作为同一运动看待。特别是那两个地区相隔很远，对比起来就更没有把握。

读书笔记

但是，100 多年来世界各地的地质工作者，趋向于共同的认识，他们认为各地质时代中，地球上发生过几次强烈的运动，而每次强烈运动大体上是同时的。这里，我们需要追索一下这个概念形成和发展的过程。那几次巨大的运动，最初主要是根据西欧那个局部地区的地质条件定下来的，后来把它推广到世界上其他许多地

注释

不整合面：是指曾经沉积区遭受区域抬升后，发生沉积间断－剥蚀，后期又沉降发生沉积的作用面。

区。事实上，在逐步扩大范围的过程中，在时间对比的问题上，已经引起了不少的争论。

尽管这样，最初的那个概念，一直占着统治地位，传到了俄国，也传到了中国。所以，在中国的地质工作者，也就认为在我们的国度里也有什么加里东运动、华力西运动和阿尔卑斯运动等极其强烈的运动，也就不知不觉地套用了什么加里东等的名称，所以在地质工作者之间往往就发生这样毫无意义的争论：譬如说，秦岭这条山脉，你说是加里东运动形成的，他说是华力西运动形成的，诸如此类。这就说明一个问题，我们的地质工作者，把外国的东西生搬硬套，用来解决中国地质上的问题，这样就带来了严重的错误和巨大的损失。

读书笔记

事实上，根据中国地层发育的情况和其间不整合的关系，[1]中华人民共和国成立以来，我们已经证实了一些规模巨大的运动。譬如说，燕山运动（在中生代时期）、吕梁运动（在前震旦纪时期）等的存在，而这些运动在欧美等地区就不那么显著。甚至，从那里地层发育的现象中得不到证明。反过来说，阿尔卑斯运动（时间是在第三纪的中叶）在欧洲的南部，确实是很激烈的，而在中国就见不到同时发生的强烈运动的痕迹。

❶举例子

举例说明中华人民共和国成立以来，就发生过一系列的规模巨大的地层运动，借此说明地层不整合的特点。

以上所说的这些运动，都是指运动的时期或局部的方向而言，很少涉及在每次运动波及的范围内所造成的构造形式，关于这一点的重要性，另有论述。

三、地槽和地台问题

同一个时期的地层在地理条件不同的地区，构成它的沉积物的性质和厚度往往不大相同。就地层的厚度来说，有的地区从零到几米或者仅仅几厘米，而在另外一个地区厚度可以达到几十米或者几百米；就沉积物的性质来说，在某些地区是泥砂层或石灰岩层之类，而在另外一些地区主要是粗、细砂砾岩层，煤层或夹若干石灰岩层等类的物质造成的。这种在地面上沉积物的变化，一般大都可以用地形隆起、低洼、沉没在水中或海中的深浅来加以说明。不过，通过这样的解释来说明同一地质时期所产生的地层的变化，是有限度的，是一般性的。

读书笔记

[1]1859 年霍尔（Hall）在北美东部阿巴拉契亚山脉的北部，发现了受过强烈褶皱的古生代浅海相地层，其厚度共达 12 千米以上。就是说，比在阿巴拉契亚山脉以西的同一时代，几乎无褶皱的岩层，厚 10—20 倍。既然那些沉积物是浅海的产物，那么它们的产生必然是由于它们沉积的地带边沉降、边沉积而造成的。后来，在那一带浅海沉积中，又发现了夹杂着火山岩流之类的复杂岩层。1873 年，达纳进一步调查研究了这种现象，他把这样长期的沉降带和其中的沉积物，统称为地向斜（中文译名为地槽）。达纳以后，在世界其他地区，又发现了不少主要是由浅海沉积物形成的厚度很大的狭长地

❶列数字

具体准确地写出了在北美东部发现的受过褶皱的浅海相地层的厚度，说明当时褶皱得十分厉害。

带。在这样的地带积累起来的沉积物，必然是那个地带边下沉、边沉积而产生的。地槽这个概念，也就逐渐普遍地被接受下来了。其中，显著的例子就是北美西部的科迪勒拉地槽，南美西部的安第斯地槽，欧洲的阿尔卑斯地槽，欧亚分界的乌拉尔地槽，中国的祁连山、秦岭地槽等等。

读书笔记

人们对地槽的认识，在地质构造现象中，确实提出了一个比较重要的问题。但是，也引起了一些疑问。首先是地槽的概念，不是那么明确。因此，在推广这个概念的过程中，就出现了各式各样的地槽，有的甚至与原来认为是典型地槽的特点并不符合。这还是次要的事情，更重要的问题是，在地球上为什么发生了那些“地槽”。讲地槽的人们，好像认为地槽是天生的，不允许过问它的起源。科学工作者，对世界上的万事万物就是要问个为什么，闭口不谈地槽的起源，是非科学的。①我们毕竟要问，每个确实存在的“地槽”，它为什么恰巧出现于它所在的地方？为什么所有地槽都占有一个长条形的地带？为什么经常有和它相伴随的、相反相成的隆起地带？这种隆起地带有时夹在地槽中间，有时靠近地槽的一边。当然，这些隆起地带由于受到侵蚀，现在或者已为平地，或者是和地槽中的沉积岩层一起转入了强烈的褶皱，有些人把这些伴随地槽的隆起地带称为地背斜。这个名称，恰好是和地向斜相配合的。根据这一类事实，如果我们把地槽和伴随它的地背斜，当作大

读书笔记

①疑问

提出一系列关于地槽的问题，激发读者的阅读兴趣。

读书笔记

读书笔记

陆上某些地带发生的巨型挠曲、褶皱看待，看来是合理的。就是说，地球上大中小型的褶皱，在实质上基本是相同的，其不同点只是规模的大小，这样看问题，我们就可以把地向斜、地背斜和其他大小型的向斜、背斜同样当作地壳形变现象处理。那种把地槽看作地球上特殊的、不需要过问起源的、天生的形象的论点，是不可知论，是反科学的论点。

地槽以外的地区，往往存在着褶皱甚为平缓，除了整体略为上升、下降以外，看不出什么显著运动迹象的稳定地块。在乌拉尔山脉西侧广大的地区，就是属于这一类型的地块。俄罗斯的地质工作者们抓住了这一特殊现象，称它为俄罗斯地台。以后，他们在乌拉尔以东，又发现了一大块平地，叫作西伯利亚地台。从此，他们又推广了地台这个名称，一直推到中国来了，称中国这个地区为中国地台。其中又分为若干个较小的地台。[1]经过长期的地质工作和比较深部的探测，人们在地台策源地的俄罗斯地台下面，发现了相当强烈的褶皱和火成岩的活动。而西伯利亚地台区，表面尽管平缓，下面的地层在有些地方褶皱也是非常剧烈的。在中国，全国范围内地层的褶皱，一般都是比较明显的，而在很多地带又是极为强烈的。所以就在套用了中国地台这个名称的基础上，于是就不得不把各式各样的地台，越划越小，在中国的大地构造中，就出现了许多这个、那个地台，而在这个、那个地台中又发现了褶皱带和断裂带

❶叙述

“长期”表现了褶皱和火成岩的活动隐蔽的特点。

互相穿插的情况，又创造了一个新学说，叫作“地台活化”论。请看，“地台活化”了，那还叫什么地台呢？这一个小小的例子，本来不值得一提，但是从这里可以看出，西欧和苏联地质学界的这种主观主义和形而上学的观点，是怎样深深地影响着一部分中国地质工作者的，这就不是一个小事情。

四、沉积矿床

各种沉积层中的沉积物，有的具有工业价值，有的还没有找到工业上的用途。具有工业价值的沉积物，有的单独成层夹在普通岩石之中，有的工业矿物成薄片和普通岩层夹杂在一起，有的和普通岩石颗粒混杂在一起。关于成层的沉积矿床，最普通的例子有煤、铁、铝、磷、硫、岩盐、钾盐、石膏及其他盐类等。关于夹杂或混杂在岩层中的沉积矿床种类甚多，在岩层中聚集或分散的形式往往大不相同，这种夹杂或混杂在岩层中的有用矿物的来源，绝大部分是从原生矿床或含有那些有用矿物的古老岩石，经过侵蚀、风化和天然的分选而来的。这种类型的矿床，最值得注意的有含铜砂岩，含磷、含锰的岩层，含金、含铀的砂砾岩以及其他稀有金属、稀土元素、分散元素等。

①以上是指由固体的矿物形成的固体矿床而言，其次，还有一些液体和气体的有用矿物质资源存在于岩层中。因为构成岩层的矿物颗粒之间，经常有大小不等的空隙，液体或气体往往充填这些空隙，其中具有最重要

读书笔记

①过渡

起承上启下的作用，承接上文固体矿物形成的固体矿床，引出下文液体和气体的存在。

读书笔记

工业价值的液体和气体，就是大家所知道的石油和天然气。地下水也是夹杂在岩层中极其重要的成分。在某些地区，特别是干旱和盐碱地区，地下水对广大人民群众的日常生活和社会主义工农业建设，都是一种必不可少的资源；而在另外一些地区，如某些矿山开发的地区，它又可能造成灾害。

由于石油、天然气和水的特殊重要性，以及它们在地下的流动性，地质工作者必须不断总结野外观测和实验的经验，通过实践、再实践来阐明这些矿物质的分布、动态和集中的规律，查明它们集中的地带和地区，分析它们的组成成分。显然，我们需要用特殊的方法来处理有关这一类资源的问题，与固体矿床的处理方法有所不同。就石油来说，我们首先应该根据从地质和古地理条件来寻找哪些地区是具有有利于生油的条件。所谓有利于生油的条件有以下几点。

读书笔记

（1）就是需要有比较广阔的低洼地区，曾长期为浅海或面积较大的湖水所淹没。

（2）这些低洼地区的周围需要有大量的生物繁殖，同时，在水中也要有极大量的微体生物繁殖。

（3）需要有适当的气候，为上述大量的生物滋生创造条件。

（4）需要有陆地上经常输入大量的泥砂到浅海或大湖里去，这样，就可以迅速把陆上输送来的有机物质和水中繁殖速度极大而死亡极快的微体生物埋藏起来，不让它们腐烂成为气体向空中扩散而消失。

石油生成的论点很多，直到现在还莫衷一是。不过，大体上看来，上面的观点可以说是大致符合实际情况的。这仅仅是就石油的生成，也就是它生成时，当初分布的主要特点和一般情况而言。[①] 在地种分散的情况下，生产出来的点滴石油混杂在泥砂之中，是没有工业价值的，必须经过一种天然的程序，把那些分散的点滴集中起来，才有工业价值。这个天然的程序，就是含有石油的地层发生了褶皱和封闭性的断裂运动。所以，我们找石油的指导思想：第一，要找生油区的所在和它的范围以及某些含有油气苗的征象（关于这一点，不是经常可以找到的，如果石油埋藏和封闭得比较好的话）；第二，进一步查明适合于石油、天然气和水聚集的处所，石油工作者称那些处所为储油构造。

❶叙述 表现了生产出具有工业价值的石油的复杂性。

（本文选自《天文·地质·古生物》第三部分。）

冰川的起源

[②] 地球表面之所以发生大规模冰流现象，是因为有种种不同的意见。其中比较重要的有下面几种看法。

❷背景介绍 引出下文对冰流现象的解释。

（1）由于太阳辐射热减少，以致全球表面平均温度下降；太阳辐射热增加，地球表面温度也就随着变暖。这种太阳辐射热增减的幅度并不需要很大，就可以产生冰期和温暖或炎热的气候条件。

（2）[③] 大陆上升，气温下降，积雪扩大，形成相应广泛的冰流或冰盖。

❸叙述 写出了发生大规模冰流现象的另一种原因。

（3）由于地球轨道的形状、地球自转轴对黄道平面倾斜角的改变和春秋推移现象的影响，地球接受太阳的热的总量和南北两半球接受的热量也因而改变，以致产生气候的变化，特别是南北两半球的气候差别。

读书笔记

（4）银河系旋转周期变更的影响。

（5）由于大陆漂流运动，在不同的地质时期，各个大陆块对当时两极和赤道的地位各有不同。每一个时期，各大陆块接近两极的部分，就成为冰盖形成的策源地。

（6）由于大气层组成的条件变化，例如，有时含水蒸气、二氧化碳和微尘、粒子过多，就会在一定程度上妨碍太阳热直达地面，尤其是水蒸气过多的时候，大约有 70% 由太阳送来的热反射到空中去了，这样地面的温度就会降低。

①过渡

起到承上启下的作用，承接上文提到的观点，引出下文还有其他观点要介绍。

[1] 还有其他的一些论点。现在，我们看一看上面提出的几个比较重要的论点，究竟是否与地球长期以来发生的冰川活动的事实相符。

第一，太阳辐射热变化的论点，除了太阳黑子有一定的周期出现，因而轻微地影响地面的气候以外，没有发现任何可靠的理由来说明在地球漫长的历史时期，太阳有周期的或不规律的大量增减它的辐射热。

第二，大陆上升，当然会使大陆上升部分的气候变得更为寒冷。例如，有人认为，中国，特别是中国东部以及西伯利亚太平洋沿岸地区，在第四纪时代，平均高度可能达到海拔 2000 米以上。又如，在石炭纪与二叠纪时代，在印度半岛的中部，也是高原或高山地区，以致成为一个冰盖结集的中心，冰流向周围的地区流溢，等等。[①]从这个论点出发，又向前推进一步，有些人认为，一次强烈的地壳运动，特别是造山运动的时代以后，就会来一次大冰期。这个论点，就某些地区来说，是可以作为进一步探索的基础，但远不能与全部事实对应。

①叙述

这个论点具有一定的地区局限性。

第三，我们知道，地球轴像陀螺轴摇摆的周期那样，有一定的摇摆周期，这个周期是2.6万年。[②]地球轨道的偏心率变化，是9.2万年一个周期。地轴对黄道平面的角差，现在是23° 30′，在21° 30′—24° 30′的限度内，一直经历着有周期的改变。这个周期是4万年。这些变化联合起来，就会使地球接受太阳的辐射热量发生变化，从而使地球表面的温度发生变化。有人使用这些变化数据的组合画出一条曲线，表示60万年以来（最近又有人把这个曲线延长到100万年以来）地球上温度的变化。从这条曲线中可以看出，有一个长期的凉夏，以致在适当的纬度和高度的地区，冬天的积雪不致溶解而形成永久的冰盖和冰流。又可以从曲线中看出，有几段较长的时期，即间冰期，夏季较热，以致冬季的积雪全部溶解了。这种解说，可以勉强说明第四纪的冰期和间冰期的存在，但对那些更古老的冰期，在时间上的分布，就不相符合。

②列数字

具体准确地介绍了地球偏心率变化的周期、地轴角差的周期。正是周期的变化造成地球表面温度的变化。

第四，[③]银河系的旋转，大约2亿年一个周期，这又和三大冰期以及更古老的冰期之间相隔的时间不符。

③叙述

否定了上面的观点。

第五，如若把非洲、澳大利亚和南美向南挪动，靠近南极大陆，可以说明上古生代大冰期中，这些大陆南部都发生了冰期；但如果像有些人所主张的那样，还要把印度的北部从西藏底下抽出来，再把整个印度送到南极大陆附近去，从大陆构造的一般规律来看，就太玄妙了。

第六，大气层中的水汽，主要是由于陆地的水分和海水的蒸发而来的，也许可能有一小部分是由太阳发射质子向地球冲击，与大气上层的氧气遭遇而形成的。同时，在80余千米的高空中出现云层，构成这种云层的水分，其来源似乎与普通降雨的云层有所不同。大家知道，水是由氢和氧化合而成的，如若太阳发射质子轰击地球果真是事实，那么这种情况，在地球的漫长历史过程中，就不是时不时，而是会持续不断地出现。这样，大冰期就无时间性。那些大气层中的二氧化碳，主要是生物供给的，小部分是由火山喷出来的。有人强调，过去火山爆发，从地球喷出大量的二氧化碳，给了生物滋生的条件，例如形成了石炭纪与二叠纪的煤层。但是，从地质上找不出这种迹象。因此，这个论点是不能成立的。

宇宙微尘粒子存在于天空中，确是事实，在大洋底某些地方的一层极薄的红泥中，有一极小组成部分，来自宇宙空间，但它的降落不是时多时少或具有间歇性的，而是具有经常性的；也很难设想，在冰期时代，由宇宙空间忽然来了大量的宇宙微尘，以致大气层遮断太阳辐射热的作用，发生了巨大的变化。

[1] 看来，这些论点都不能解释冰期的出现。冰期是有时间性的，但没有一定的周期。现在看来，冰期究竟是怎样产生的这个问题还没有得到解决。

读书笔记

❶叙述

提出解释冰期如何产生的这一问题的困难性。

有人从海洋方面，获得了海水和气温有关的一些现象，有些人对气温和海水的温度，从古生物方面获得了一些有关的“证据”，这主要是根据孢粉和古代植物的残迹，以及氧 –16 和氧 –18 两种同位素成分对比的鉴定，得出了比较可靠的结论。通过这些方法所获得的结果是：① 在侏罗纪时代，某种海生碳酸盐介壳中所含的氧同位素的比例，证明在侏罗纪时代全世界海水的温度是比较温暖的，到了白垩纪时代，平均温度稍低，但还没有降到结冰的程度。这样看来，海水在侏罗纪以来囤积了大量的热，估计至少在最近 5000 万年的时期是这样。但是，到白垩纪的后期，海水的温度逐渐降低，到了第三纪的时候，还继续下降。在太平洋底采取的有孔虫化石，从阿拉斯加、西伯利亚海底，一直到太平洋赤道附近的若干地点所取得的样品，都同样表示海底温度继续下降的趋势。到第三纪的末期，太平洋海底的温度接近于 0℃。这时候正是第四纪大冰期将要开始。② 这些事实，从海洋方面提出了一个新的问题：海水失掉热量，继续冷却，和第四纪大冰期的出现，究竟有无联系？

❶对比

通过侏罗纪时代和白垩纪时代海水温度的对比，说明了在侏罗纪时代海水温度较高。

❷疑问

提出海水失掉热量和第四纪大冰期有什么联系的问题，吸引读者的阅读兴趣，引出下文。

对这个问题，多数人的意见是肯定的，并且有些人还提出了发展的过程。他们认为，在北极圈的范围以内，由于北冰洋周围四面都是大陆，仅仅在格陵兰和西北欧大陆之间与大西洋相通，在亚洲与美洲大陆之间，白令海峡可能也是通向太平洋的通道。北冰洋在这样一个半封锁的情况下，其洋面由于缺乏潮流的循环，它的表面就比较容易结冰，一旦结了冰，冰面对反射太阳热的作用，就必然加强。这样它下面的海水，就形成一股冰流向大西洋和太平洋方面流去，使得大西洋和太平洋北部的海水逐渐变冷。这样下去，在这两个海洋北部邻近的地区，就创造了形成大规模的冰盖、冰流的必要条件：一是温度下降的程度和范围逐步扩大；二是有两个海洋供给充分的水分，使大陆上得到充分的降雪量。

读书笔记

按这样一个发展的过程来说，第四纪的大冰期，在北半球是由冻结了的北冰洋、格陵兰及其他邻近北冰洋、北太平洋、北大西洋地区开始的。这个推断，大体上与事实相符。在南半球，因为有一个南极大陆，四面为大洋所围绕，在那里形成大规模冰流、冰盖的上述两个条件早已存在，因此大冰期在南极大陆的开始应该更早一些。事实上，在格雷厄姆（南极半岛）早已发现了第三纪初期即始新世的冰碛物。这就更进一步加强了上述对第四纪大冰期发展过程的推断。

❶设问　提出并回答了在第四纪大冰期发展是不是无止境地发展的问题，为下文对此的解释埋下了伏笔。

[1]这样一个第四纪大冰期发展的过程，是不是无穷无尽继续往前发展？不是的。一个有趣的自然现象就在这里，当冰盖和冰流扩大了它们的范围，必然引起冷而干的气流向外扩散，以致冰前的海域和地区温度继续降低，降雪量减少，由于缺乏给养，冰盖和冰流就不得不后退。就是说，冰盖和冰流的发展达到一定的程度，就会产生消灭它自己的倾向。自然界有不少的事例，表明由于它自己的发展而归于消灭。因此，上述论点，可以说是符合自然辩证法的。

地球上有许多局部地区，在不同的地质时代，发生过局部冰流泛滥的现象。这些由于局部的地质、地理条件所引起的冰流泛滥现象，与全球性或地球上广大面积陷入冰天雪地的景象意义迥然不同，那种局部发生冰盖或冰流的原因，应该从它们发生的地区和时代的古地理、古气候以及当时、当地的地质条件中去寻找，而大冰期的来临必然影响全球，是地球发展史中不可忽视的一件大事。

本篇撇开了局部冰流泛滥的问题，仅就大冰期的出现汇集了一些有关的资料和论点，其目的是企图阐明地球作为一个整体，在这一方面——主要是气候方面的经历，与它在其他方面的经历作个对比，以便寻求地球全部的历史发展过程。[1] 遗憾的是，在这一方面我们获得的成果还是很有限的，还有大量的工作有待于今后的努力。

为了总结经验，删去烦琐，现在把本篇中提出的一些重大问题，归纳为以下几点。

（1）地球存在的漫长历史过程中，反复经过几次大冰期，其中最近的三期都具有全球性的意义，时期也比较确定。这三期就是第四纪大冰期、晚古生代大冰期和震旦纪大冰期。震旦纪以前，还有过大冰期的反复来临，但时代不大明确，证据有时也不大清楚。

（2）每一次大冰期中，都有冰盖和冰流扩展和收缩或者消失的现象相间，分为几个亚冰期和间冰期。亚冰期是气候寒冷，降雪较多，冰层积累较厚，冰盖和冰流扩展的时期；而间冰期是气候温暖甚至炎热的时期，在间冰期中，冰盖和冰流收缩，甚至大部分消失。

（3）在三大冰期的时期，都有生物存在。虽然在

读书笔记

❶叙述

专家们想通过对大冰期的研究来找到地球的全部历史发展过程，可惜并没有成功。说明地球的历史十分神秘，需要人们不断探索。

读书笔记

震旦纪时代，只发现了原始藻类繁殖的遗迹，而其后发生的两大冰期时代，都有高级生物继续生存，这就证明冰期时代，地球表面温度下降的幅度，并未大到使生物全部灭亡的程度。

（4）第四纪和震旦纪大冰期都是全球性的。但晚古生代的大冰期，普遍影响了南半球；在北半球，只在印度留有遗迹，而印度，有些人认为是从南半球漂移来的。

（5）最后三大冰期，显示规律性不强的周期性，每两次大冰期之间，相隔 2.5 亿—3.5 亿年。似乎有一种倾向，越古老的冰期，相隔时间越长。

❶**叙述**

表现了冰期起源问题的复杂，需要进一步研究。

（6）[①] 冰期的起源，看来是由一些非周期性的因素和一些周期性的因素复合起来而决定的。在这一方面，还有待于投入大量探索性的工作，才能得出最后的结论。

（本文选自《天文·地质·古生物》第五部分的第四章。）

人类的出现

❷**背景介绍**

为下文讲解人类的出现作铺垫。

[②] 自然界中生物的发展，终于导致人类这种能改造和征服自然的特殊生物的出现。

真正的人，能制造工具的人，出现在最近 100 万年之内。对悠远的地球发展史来说，100 万年只是一个很短暂的时间；但和人类有文字记载的历史相比，毕竟是太远了。人们总想弄清这 100 万年之内发生的事情。

最初，在世界各民族中都流传着关于人类起源的各种神话和传说。拉马克在 1809 年出版的《动物哲学》

这本书里，指出人类是起源于类人猿，才开始突破了传统的神话传说，震撼了宗教迷信。达尔文在1871年出版的《人类的由来及性选择》一书，指出人类和现在的类人猿有着共同的祖先，是从已灭绝的古猿演化而成的，从而阐明了人类与动物的共同性，进一步奠定了人类在动物界的位置。伟大的革命导师恩格斯在1896年出版的《劳动在从猿到人转变过程中的作用》的著名著作中，运用辩证唯物主义的观点，揭示了人类起源和人类社会产生的规律，提出了劳动创造人的科学论断。恩格斯不仅肯定了人类与高等动物的一般的共同性，更重要的是指出了人类与动物最本质的区别，即人类能制造工具并使用工具从事劳动，来支配和改造自然；而一般动物则不能。本身具备着可能发展条件的人类的远祖，正是在一定的环境条件下从古猿分化出来之后，通过必需的生活活动，使前肢解放为手，用双手制造并使用工具来改造自然，在改造自然的进程中逐步改造了自身，终于由接近类人猿的原始人发展成为现代人。

读书笔记

[1] 人类的发展可以分为：古猿（开始从猿的系统分化出来）—猿人—古人—新人，这四个阶段。在我国发现的“中国猿人”“马坝人”及“山顶洞人”，分别属于猿人、古人及新人阶段。实际上每个阶段都包含着人类在发展中的一次质变的飞跃。

❶叙述

介绍了人类进化的历程。

（本文选自《天文·地质·古生物》第四部分的第五章。）

在本编中，作者对地球进行了概述。那么，地球多大年龄了呢？世界上的学者们纷纷进行研究，各抒己见，但是由于材料有限而不能精确地计算出时间。于是有关天文学解释地球年龄的说法出现了，接着科学界用地质说明了地球的年龄。可地球的表面发生过大规模的冰流现象，因此，人们又有了不同的看法。人类的出现使得地球出现了生机。地质学家们、科学家们也在不断地探索地球的奥秘。

1.关于冰期的起源，人们有过怎样的说法？

2.冰期的出现有没有时间性和周期性？

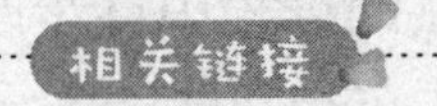

同位素

指具有相同原子序数的同一化学元素的两种或多种原子，在元素周期表中占有同一位置，化学性质几乎相同，但原子质量或质量数不同，从而其质谱性质、放射性转变和物理性质有所差异的元素。

中编 地 壳

名师导读

地质的运动，形状、结构在不断地发生着变化。岩石的变形和海陆的变迁都是由于地壳变动的结果造成的。这些变动引起岩石圈的变化，造成大陆、海洋的出现和灭亡，形成海沟和山脉，甚至还会导致火山的爆发。它的运动有时很激烈、很迅速，有时却很缓慢，不容易被察觉。那么地壳到底有多厚呢？这一观念又是如何产生的呢？下面就让我们一起看看地壳的奥秘吧！

地壳的概念

读书笔记

原始地球，有些人认为其表面有全球性的海洋覆盖，后来才划分为海、陆。也有些人认为，所谓全球性海洋，纯属无稽之谈，自从地球形成以来，有了水就有了海陆的划分，海与陆，是原始地球固有的表面形态。这两种设想，都是空想，都无可靠的根据，也不值得议论。我们现在谈地壳的问题，只好从实际出发，从地球

读书笔记

表面现实的状态出发，这个现实的状态，至少在二十几亿年以前，已经基本上形成了。自此以后的地球，只是在有了岩石壳、陆地、海洋、大气的基础上向前发展的。

地质工作者所能直接观测的范围，到现在为止，只限于地球的表层。这个表层，只占地球表面极薄的一层。但是，构成这一薄层的物质和它结构的形式，却反映了地球在它的长期发展过程中，内部和外部各种变化正负两方面的总和。

内部变化，主要是建造性的，但有时既有建造作用，又有破坏作用，例如岩浆（即炽热的熔岩）上升，或并吞和熔化上层某些部分，继而又凝固；或侵入上层，破坏了它的完整性，同时又把它填充、胶结起来，而成为一个新的、更复杂的整体。外部变化，在大陆上，主要是破坏性的，而在海洋中，主要是建造性的。但有时与此相反，在大陆上某些地区，特别是在干旱和低洼地区，被破坏了的物质，积累起来而成为建造；在海洋中，由于海底潮流的作用，把已经形成的建造，部分或全部冲毁，被潮流带到其他海域，再沉积下来。

读书笔记

所谓地球的表层，并没有明确的界限。概略地讲，就地质工作者直接观察的范围来说，在某些褶皱强烈的

注释

熔岩：已经熔化的岩石，以高温液体呈现，常见于火山出口或地壳裂缝，熔岩的黏度虽然是水的10万倍，但是也要流到数里以外后才冷却成为火山岩。

胶结：糨糊、胶等半流体干燥后变硬黏结在一起。

山岳地带，能观测的厚度不超过十几千米，而在另外一些地层平缓的平原地区，能直接看到的地层厚度那就很有限了。这样的厚度，比起地球的半径来说，是微不足道的。还必须指出，人们能直接观测的厚度，仅仅是地球表层的上部。究竟表层有多厚？由于没有明确的界限，所以谈不上地壳的厚度。但是，我们可以从这个能见到的表层中，找出与地球漫长的历史发展过程有关的资料。

很早以来，人们从地球的表层所得到的印象，逐渐形成了地壳的概念。随着地质科学的发展，地壳的概念逐渐变得比较明确了。① 但至今还很难指出全球地壳的厚度究竟有多厚，控制地壳形态的主要因素又是什么？现在，综合各方面的探索结果，来看我们今天对地壳的认识达到了什么程度。

❶疑问

提出问题，引发读者深思。

（本文选自《天文·地质·古生物》第六部分。）

地　壳

人们都以为我们住在地壳的表面，实际上我们并非住在地面，而是住在地中。我们的头上还有一层空气压着我们，包着我们。② 这层气壳的厚度，大致在三四百千米以上，不过愈向上走，气壳的密度愈小，压力也愈小，高到四五十千米的地方，气压已经比一厘米水银柱的压力还要小。我们住在气壳底下，正和许多海洋生物住在海底，抑或蚯蚓之类住在土中相类。气壳的组成，并非上下一致的。下部氧气较多，所以生物得以生存。愈往上走，氮

❷列数字

说明了在不同高度，气压也不同。

气愈多，到100千米以上，几乎完全是氮气。再上是氦气（He），更上氢气（H_2）成了主要的成分，严格地讲，这一圈大气，要算是地球的表皮，要算是地壳，但是因为流质的关系，普遍不认为它是地壳。我们不仅不认大气层为地壳，连那海洋也不认为是地壳的一部分。

①叙述
阐述了地壳的定义。

①实际上所谓地壳者，虽无严密的定义，然而大致可说是指地球上部由普通岩石组成者而言。普通人所见者，只是岩石层的表面。地质学家所见者，也不过从最新的地层到最老的地层以及各种所谓火成岩，一名凝结岩。那些极新的地层到极老的地层在一个地域总共的厚度，至多也不过20余千米。②然而我们怎样知道地下还有类似地表的岩石？又怎样知道这些岩石往下伸展到一定的厚度？更怎样知道地下是固质或液质抑或气质组成的？这些问题如果都是悬案，我们有何理由说出地壳的名词？

②疑问
连续提出三个问题，引出下文。

然而地壳的名词，久已被人用了。地壳上的人们，不见得对于地壳有极明显的了解，只是揣想着地下的材料总和在地表露出的材料不同。这种观念的产生，大约一面受了星云学说的影响，一面又因为火成岩和地温的分配，似乎地下愈到深处，温度愈高，若温度超过一定的限度，一切的固质，不免变为流质，火山爆裂，岩流迸出，骤然一看，似乎都可以作流质地球的证据。

读书笔记

注释
一名：它的含义是又名。

而所谓地壳者，正如地壳包着卵白、卵黄。可是天体力学者告诉我们，这样鸡蛋式的地球，是不能成立的。如果地球是像鸡蛋式的构造，它早已受不起旋转和日月吸引的力量，绝不能成现在这样的形状。

传统思想，如此的混沌。① 因此，对于地壳这一个名词，我们不敢任意接受。我们如若还想利用这一个名词，不能不做进一步的追求。且看我们能否替它找出相当的意义，地壳的命运，就决在这些。我们没有方法去打极深的地洞，看里面的情形。② 现在世界上用人工凿出的最深的地洞，也不过2000多米。地球如此之大，就是再凿穿2000米，也算不了一回事，况且愈到深处，工作的困难增加愈多。我们还要知道世界上有许多的事物，我们尽管能看见，能直接地感触，却不见得就能认识，就能了解。观察是一回事，了解又是一回事。所以要看地球内部的情形，不能用肉眼，只能用智眼，不能直接地检查，只好用间接的方法探视。间接的方法，可分为下列几项，当然，仅就重要者而言：①地温；②岩石的分配；③地震；④均衡现象（内文均从略）。

依前述种种观测判断，地球的表面，除了大气层和海洋之外，确有较轻的岩石，构成地壳。在大陆方面，地壳可分为两层，其间界限，不甚清楚，一名里壳，一名表壳。表壳由酸性岩石如花岗岩之类构成，里壳由基

❶叙述

表现了研究地壳问题的困难和复杂性。

❷列数字

用数字说明开凿地洞越深，工作难度越大。

读书笔记

注释

决在：相当于“取决于”的意思。

性岩石如玄武岩玻璃之类构成。在海洋方面，尤其是太平洋方面，似无表壳，只有里壳。大西洋为一个比较新形成的海洋，所以情形稍有不同。表壳的厚度，至少有15千米，也许到20千米以上。里壳的厚度，大致与表壳相等。两壳总共的厚度至少有30千米，也许厚到45千米。这是就普通的厚度而言。在特别的地方，它的厚薄，也许不是完全一致，不过不能超过此限太远。[1]地壳以下，便是极基性而且甚重的岩石，与造成地壳的材料、性质颇有差异，现在我们所知道的情形，仅此而已。

1 叙述 介绍了目前所知道的地壳以下的情况。

（本文选自1931年《武汉大学理科季刊》第2卷，第9期《地球的概念》。）

读书笔记

地球之形状

昔日人类智识幼稚之时，咸以为地为平形，天覆其上，四海寰其周，天圆地方之说，大约由是而起。巴比伦及希伯来之谈天者，皆主张与此类似之说。诗人荷马（Homer）亦道及“瀛寰”，其信地为平形，大海寰之，似无可疑。及人类智识渐渐进步，观察渐渐锐敏，乃逐渐识破地平之说与日常经验大相凿枘。如人由南往北，或由北往南，见北极星宿迁移高度；又如船舶之向大洋中进行者，于“海天相接”之处，逐渐落于水平线下，终至不可睹。其他尚有种种现象，皆足与人以地

注释

咸：这里指都、皆。
凿枘：圆凿方枘的略语，比喻格格不入。

球之概念。

首倡地形如球之说者，似为毕达哥拉斯（Pythagoras）。其后经亚里士多德（Aristotle）多方论证，地球之说，始能成立。亚里士多德复引数学家计算之结果，谓地球之周，约长40万司塔底亚（即4.6万英里，1英里=1.6093千米），然当时信之者固寥寥也。

读书笔记

[1]纪元前250年时，古希腊学者埃拉托斯特尼（Eratosthenes）始计划一种方法，以实测地球之形状，其结果虽不精确，而其方法则传至今日，测地家咸袭用之。

❶叙述

介绍了埃及学者测地球形状的方法。

依重力之法则及远心力之关系，牛顿断定地球应呈扁球之状，扁球之短轴即旋转轴，赤道一带稍形隆起，其长轴与短轴之比应为230：229。惠更斯（Huygens）亦依重力之关系，推测赤道之径稍大，两极之径稍小，其比应为579：578。1735年，法国科学院的科学专家为考察地球究竟是否成一扁球起见，特别组织两个考察队，一赴秘鲁，测量赤道附近每一度所夹之弧长；一赴波罗的海北部之波的尼亚（Bothnia）湾，测量近于北极方向每一度所夹之弧长；以两方所得之结果相比较，乃得证实地球之形确属一种扁球，或与扁球类似之形状，赤道一带隆起之度较大。

读书笔记

自兹以后，地球为一种扁形球体之说，学者虽认为已经证实，然究竟呈何种扁形，则仍属疑问。雅可比（K.G.Jacobi）从动力学方面证明匀质流体旋转之

注释

流体：水或其他液体的或熔化后流动的物体（例如熔岩）的涌流。

读书笔记

时，其平衡之形状，不限于扁球，椭球之三轴成某一定之比，并在某一定旋转之时间者，若依其最短之轴旋转，亦可入于平衡之状态。地球为三轴椭球之说，由是而得力学上的根据。唯地球既非匀质之流体，则雅可比之假定，似乎根本不能成立。况就现今大陆与海洋分配之情形而论，非独三轴椭球一见而知其不能与地球之表面符合，即任何数理上之形状，恐亦未能与地表实际之形状一致。

读书笔记

无已，吾人只可求一较为近似且较为简单之数理上的形式以为代表，是则舍扁球而外无他也。若由法、英、俄、印度、南非、秘鲁各处所测之子午弧线推算（照前法），则地球之短半径，亦即南北极方向之半径应为：6356583.8 米；地球之长半径，亦即赤道之半径应为：6378206.4 米；长短半径之比，亦即扁度应为：294.98：293.98。

关于地球之形状，据吾人所知，盖有如此。乃近日报传有某某三君，经数年研究之结果，否认地球为圆形，并否认自转公转等事实，得某某商会之助，制成新式时辰表一架以定时刻，一若为世界上一大发明者。三君能将其破天荒之学说及其制造公诸世乎？

（本文刊于 1924 年《太平洋》第 4 卷，第 10 号。）

中国地势浅说

①本文讨论的问题，是中国地势的沿革，与中国疆域的沿革，以及中国内部政治区域的沿革，是截然

❶点明主题

文章开篇开门见山，直接点明了主题——中国地势，总领全文。

两道。疆域的沿革和政治区域的沿革，是人类发生以后的事——是人类有了政治的组织以后的事，所以，这些问题，当然归历史学家研究。[1] 至于我们现在的问题，包括人类发生以前或人类在极幼稚时代——那就是与猴子时代相距不远的旧石器（Paleolithic）、新石器（Neolithic）时代，在我们现在所谓中国的这一块地域里的海陆陵谷之变迁，以及气候之更迭等事实。总括这些变迁，似乎应有一个专门语，在未得妥当的名词以前，我现在试称之为地势的沿革。那就是地质史的一个方面。研究这个问题，不待言是我们地质学家的事。

❶叙述

介绍了我们现在的问题以及人类在极幼稚的时代，也在经历着海陆的变迁、气候的变化。

欧美各国的地质学家，关于他们本国地势的沿革，多少都有点研究。联合参详各处研究的结果，我们今天才知道人类的祖先还未到这个世界以前，世界上已经有了很久和很多的沧桑之变。然而，关于我们中国这一大块地皮，除了几个好事的、冒险的欧美人外，竟然没有多少人过问。我们现在关于自己国家地势的变迁的知识，大半是由这些冒险家得来的。他们对于学术上既然有如是的贡献，现在我趁这个机会，把他们几位的名字列举出来，聊以表示我们感谢的意思。

读书笔记

1862—1865 年，美国的庞佩利（R.Pumpelly）可算得是头一个到中国来研究地质的地质学家。他所研究的地域，大半限于满洲、内蒙古及其他东北各省。三年后，德国的李希霍芬（F.V.Richthofen）就到中国来着手他的毕生事业。与李希霍芬前后有大卫（A.David），

读书笔记

他曾到过内蒙古、江西，并横越秦岭东部；又有金斯米尔（T.W.Kingsmill），曾在长江流域调查；又有比克莫尔（A.S.Bickmore），曾由广东走到汉口。他们虽然多少各有点贡献，然而与李希霍芬却是不可相提并论的。

1877—1880年，奥地利的洛克齐（L.Loczy）随着塞切尼（Széchenyi）的科学调查队，由长江下游穿过秦岭，入甘肃，沿南山（即祁连山）东北麓行进，转折经过四川北部、西部，再由云南的西部而到缅甸。当时内地风气不开，地方自然不免有仇外的情形。据云，洛克齐曾经过种种困难。①再数年后，有俄国地质学家奥布鲁切夫（V.A.Obruchev）往来于南山数次，并历四川北部及内蒙古等处。1898年，福德勒（K.Futterer）由新疆穿过沙漠，复由甘肃过秦岭，出长江下游。其采集的材料颇为可观，可惜未加以详细的分析和编纂。其余如灵奈特（F.Leprince Ringnet）、洛伦茨（Th.Lorenz）、福格尔桑（K.Vogelsang），对于中国东北部及川、鄂毗连各属，均各有研究，尤以洛伦茨在山东调查研究之结果，在地层学上最为重要。

①叙述 表现了地质学家对工作的执着与不辞辛苦的品质。

②当这些学者在那里做断断续续的调查研究的时候，李希霍芬发表了许多关于中国地质的论文，并陆续刊发他的名著《中国》。这一部书，一直到今天，也算是关于中国地质的最重要的著作，可惜书未写完而本人已去世了。1903年，美国地质学家威利斯（Bailey Willis）和布莱克威尔德（E.Blackwelder）受卡内基学

②叙述 介绍了李希霍芬发表的论著。

院（Carnegie Institute）的委托，来中国调查地质。①他们在中国不过5个月，曾到山东、辽东，又由河北南部入山西东部，经过唐县、五台、忻州、太原、西安，复由西安穿过秦岭，经过川东、鄂西诸属，至宜昌终止。他们此次研究的成绩，以他们所费的时间而论，可算得不少。

❶**叙述**　表现了研究工作的路途辛苦，和地质学家执着的敬业精神。

至于中国西南各省地质的情形，大半是由法国人考察出来的。最初有湄公河的调查队，继以莱克莱雷（Leclère）及雷当诺（Lantenois）的调查队。1910年，戴普勒（J.Depart）对于云南东部的地质，似乎费了一番力气，外界对于戴普勒之为人，虽有种种非议，然而他所编的报告，究竟未可一概轻视。

读书笔记

近20年来，日本人对于中国的地质，往往有所著述，其中以横山、矢部、后藤、早坂、小野等人著作较多。他们的著作，大都是东京帝国大学理科报告。我们可在日本地质学杂志、地质学报及其他一二流大学的报告中，寻出他们的著作。这都是颇有价值的东西。

中国人研究中国地质而有成绩可考者，据我所知，自丁文江、翁文灏、章鸿钊三先生始。自北京地质调查所成立以来，我们关于中国地质的知识，大有日新月异之势。但是我们中国的面积，如此之大，考察出来的结果，如此之少，要想讲讲中国地势的沿革，谈何容易。所以我们现在所能讨论的，只是一个简而又简的概略。

至于详细的情形、确实的证据及还有许多其他方面，则不能不待我们自己发奋有为，到各处观察，仔细研究。可以供我们讨论的材料的来源，大致如此。现在我们应当进一步划定讨论的范围，那就是我们所讨论的地势沿革应从什么时代起。据数十百年来地质学家的观察，我们现在视为千古不变的山川岩石，无一时一刻不在变更。不过变得极慢，所以大家都不知不觉。又据种种地质学上的事实，我们敢断言地面变更的情形，在人类出现以前，有许久的时间与我们现在目击的变更，无论就种类而论，还是就程度而论，无极大的差异。这就是匀和的学说，创于莱伊尔。我们谈地质史最重要的根据，就在这个原则的身上。然则我们现在不能不问，这种匀和的变更是无始无终的，抑或是到了一定过去的时代匀和的原则就不能适用了？如若从今日起，向过去推去，推到一定的时代，当时变更的结果与现今截然不同。那时致变更的原因亦必不同。那是匀和的变更，在地球上从那时才开始。我们地质学家考究一地的地质史，也只好从那时起。好比历史学家考究一国一民族的历史，只好从那一国一民族初有历史记录的那一天起。

读书笔记

读书笔记

关于匀和说（Uniformitarianism）适用的范围，自莱伊尔以后，学者主张颇不一致。极端主张匀和者，以为递积岩初发生的时候，就是匀和的变化开始的时候。这

注释

匀和说：今译作均变论。

不过是一个主张，我们颇难判决它的是非，也不必判决它的是非。

①古生物学家和地质学家依古代生物继承的情形，及古代地壳极显著的鼓动，将海陆划分以后，直至今日，地球所历的时间，分为若干时代。正如历史学家将中国历史分为若干朝代一般。学地质学的人大概都知道的，这些地质时代如下表所示。

❶**叙述**

介绍了古生物学家和地质学家划分海陆的情况。

时代名目			距现今的年数（以百万为单位）
新生代	全新世（Holocene）		0—0.01
	更新世（Pleistocene）		0.01—2.58
	上新世（Pliocene）		2.58—5.33
	中新世（Miocene）		5.33—23.03
	渐新世（Oligocene）		23.03—33.9
	始新世（Eocene）		33.9—56
	古新世（Paleocene）		56—66
中生代	白垩纪（Cretaceous）		66—145
	侏罗纪（Jurassic）		145—201
	三叠纪（Triassic）		201—252
古生代	二叠纪（Permian）	煤纪	252—299
	石炭纪（Carboniferous）		299—359
	泥盆纪（Devonian）		359—420
	志留纪（Silurian）		420—444
	奥陶纪（Ordovician）		444—495
	寒武纪（Cambrian）		495—542

读书笔记

在学过地质学的人看来，有时代的名目便够了，然而未曾学过地质学的人看了这些名目，如未学历史的人看了周宣王时代、罗马恺撒（Caesar）时代等名目一样，没有什么意义，所以我把这些时代到今天大概的年数举出来。这些数目，是从含放射元素的矿物中推算出来的，并不可靠。所以列入表中，不过借以表明年代之长。表中所列的各时代，都有特别的岩层及生物群为代表，最要紧的是上面各时代的次序。我们人类初发生的时期，现在虽不能十分准确地断定，然而顶古也不能过更新世。新生代之初，才有哺乳动物发生，二叠纪时鸟始生，志留纪时鱼始生，寒武纪初组织较完全的动物如三叶、腕足类、珊瑚类始出现，而以三叶为最盛。寒武纪以前，亦当有初级的生物生存于世，然而留下的遗迹极少。这是生物学、地质学上极有趣的一个问题，而在中国北方研究要算正好，因为在中国北方寒武纪以前的岩石极为普遍，并且有一部分未曾遭甚大的变更，如藏有化石，不难详考它的形状。就我们现在地质学上的知识判断，匀和的变更，至迟也必不在亚尔艮纪（Algonkian）以后。

读书笔记

那么，我们现在讨论的范围，无防就从亚尔艮纪的末期起。范围既定，关于我们研究的方法、讨论的根

注释

寒武纪：显生宙的开始，距今约 5.42 亿年至 4.95 亿年。这个名字来自英国威尔士的一个古代地名（罗马名称“Cambria”），该地的寒武纪地层被最早研究。

据，不能不略加解释。我有一位同事，他曾教授人类学，有一天他正好老老实实地把历史以前的人类的生活状态说了一番，说完了，有一个听讲的人起来质问他，说：[①]“我们知道历史的事实，因为有史册记载可凭。你所说的历史以前的人类生活状态，既无记载可据，你何以知道？你的话我都不信！”我那一位同事生了气，以为这个人对于学术太无信仰，不足与之谈。我却以为那一位质问的先生倒很有道理，我们如若将他的疑问稍加分析，就知道他的用意是要问用什么方法、有什么根据，使我们知道历史以前的人类的生活状态。现在我们在讨论中国地势的沿革以前，似乎也应当把我们的方法说出来，并且同时把我们的根据扼要地摆出来。即使我们的推论结论不对，但我们所举的事实还是事实，那些事实总是有用的。

[②]讲地质学的人都知道一个老比喻，那就是我们脚踏的地层，好像是一册书，一层就是书的一页，书中有文字图画描写事实。地层由种种岩质构成，并有时夹着生物的遗体。我们知道现在地球上某样的地域，常有某种的岩石堆积成层。所以从过去时代所造成各地层质料的性质，我们可以推测当时岩层停积之处为何项地域，或为湖沼，或为河床，或为海湾，或为深洋。岩层中所夹的化石不独表示岩层生成之年代，并且有时亦能表示其生成的地域，因为大洋的生物群、浅海的生物群、咸水中的生物群、淡水中的生物群，

❶语言描写

体现了听讲人大胆质疑的精神。

读书笔记

❷比喻

把地层比作书，生动形象地告诉我们研究地层问题的真实性、可靠性。

读书笔记

各有特象。地质学家所当研究的，就是这些事。诸如此类，数不胜数。我现在不过举一二最显著之点，以求见信于非地质学家而抱怀疑态度的人。不怀疑不能见真理。所以我很希望大家都持一种怀疑的态度，不要为已成的学说压倒。

现在我可以接着讲中国地势的沿革了。头一件我们当注意的事，就是中国的地质构造可分为南北两部。秦岭山脉为天然的界线。秦岭以北称为北部，秦岭以南称为南部。中国南部地层的构造较为复杂，所以我们知道中国南方地势的变迁较为复杂；北方构造除西北一隅外，极为简单，所以我们知道北部海陆的变迁颇为简单。

1 叙述

介绍了在我国北方玄古的岩石分布很多。

① 玄古的岩石在中国北方露头甚多，在山东东部、东三省尤著。内蒙古、山西、河北各处都有露头。此项最古的岩石，威利斯和布莱克威尔德称之为泰山杂岩。因为造成泰山的岩石，据布莱克威尔德的观察，都是属于这一类。泰山杂岩中夹着许多片麻岩。那些片麻岩，也许是砂泥质的变形。假若它们果真是砂泥质的变形，那是因为在玄古的时代海陆早已划分，种种地质的变更，已经照常进行，但是它们原来是不是砂泥，还在未定之天。即令是砂泥等质，它们足以表示玄古时代侵蚀的作用，然而那泰山杂岩中的各项岩石，都经过剧变，杂乱无章，由某种岩石的分配而

注释

未定之天：比喻事情还没有着落或还没有决定。

断定当时海陆的分配，是绝对做不到的事，所以玄古时代中国的地势问题，我们现在尽可不必做无谓的讨论。以前所定讨论的范围，就研究的方法看来，实在是不得已而划定的。

（本文选自商务印书馆1923年版《中国地势变迁小史》。）

侏罗纪与中国地势

侏罗纪以后，一直到今天，在中国所生的地层极不完整。就是那枯烈时代（一名白垩时代），欧洲的海里造了几千尺厚的石灰岩和白垩。然而中国除四川赭盆中，多少有点淡水停积物以为这个时代之纪念以外，从未闻有何项枯烈纪的层岩。就现在我们的知识判断，中国本部绝无那时的海洋停积物可寻。

❶叙述 提出现在中国发现的新生代的停积物共有几种，引出下文对于停积物种类的介绍。

[1]至若新生代的停积物，在中国已经发现的共有几种。那就是：①含煤层的泥砂岩。辽河流域、朝阳、抚顺等处的煤层有大部分属于这个时代。云南、内蒙古等处的也是属于这个时代。②红砂岩。这种砂岩不独遍布于长江各省，就是北至甘肃、内蒙古，南至广东，都有它的代表。这里边发现了许多哺乳动物的化石。中国人向来把这些化石当药品用，巧名之曰龙骨龙齿。据施洛瑟（Schlosser）、孔庚（Koken）等人的研究，这些龙骨龙齿，大半都是更新世的生物遗骸，有时也有全新世的生物遗骸。③瀚海层。分布于内蒙古、新疆、甘肃各处。④湖沼停积。戴普勒曾在云南

东部，安德松（Andersson）曾在山西南部（垣曲）遇见这种岩层。⑤汶河砾岩。布莱克威尔德曾于山东的汶河流域及河北的宁山盆地遇见这种岩石。⑥黄土。遍布于秦岭以北。除以上所举的几种停积物以外，还有大堆的火山喷发物，张家口外的火山岩流，就是最显著的。

❶叙述

介绍了中国地盘及侵蚀的情况。

[1]自从侏罗纪的末期中国的地盘隆起后，中国已经成了一个大陆国，南北虽都有内海以及湖沼，然而都不甚深。地形平均甚高，所以侵蚀的力量甚烈。久之侏罗纪末期所造的山岳，如秦岭等，渐渐失却了崎岖之象，那时，中国可算得上一个高原。一直到初新生代的末期，中国还是一个高原，当然高原上有河流湖沼。

❷叙述

引出下文对新地势革命的介绍。

[2]到新生代的中期——大约是“次新”的时代，世界又发生了地势大革命。欧洲产生了阿尔卑斯山脉，其影响及于全欧。亚洲产生了喜马拉雅山脉，中国的本部亦产生了两条山脉，并驾齐驱。这两条山脉，就是我们今天所看见的秦岭和南岭。因为这两条山脉的产生，几条大河随着产生。到这时候，黄河、长江、西江的流域已经大概定了，与现在差不多了。此次变动，大概是由南方来的，因为此次所造的山脉，大概都是由西至东。这回的革命影响之远大，绝不亚于泥盆纪初的喀里多尼亚大陆改革、煤纪中的赫辛尼大陆改造。

读书笔记

此次变动的结果，不仅是地面山川的改造，就是内部的地层也产生了许多很大的裂缝，并且有许多地盘陷落。于是火山爆裂，岩汁迸出。内蒙古南部，展眼数千百里，都是一片焦灼之相；辽河以东、东南海岸各处，时时亦有岩汁火灰喷出。不独中国如斯，就是西北欧，由英国西北部一直到冰岛，也是火焰不熄。地力的运行，可谓极一时之盛。

读书笔记

经这次剧变之后，中国的风景迥不如故。北方除了几个浅湖以外，都是平原或高原；南方山环水曲，森林遍地。所以性好原野的动物，如马类（Hipparion），都栖息于北方；而性好卑湿、森林的动物，如鹿豕之类，繁殖于南方。据施洛瑟的研究，它们的祖宗也许是由北美洲来的。

地上的变更，不遑宁息，新造的高山渐被摧残。所生砂土，都转到附近的湖沼或海湾里去。于是红色砂岩产生。到了更新世的末期，世界的气候慢慢地变冷。北美、北欧等雨雪较多的地方，成了一个漫天漫地的冰雪世界。中国那时的气候如何，颇难断言。据我去年发现的几件事实推测起来，中国的气候也应是极冷，北部并有冰川流动，但是这个问题究竟如何，还待一番研究。

读书笔记

自从冰期以后，人类渐渐进步，在生物中称雄。因为中国北部的海渐渐枯竭，气候渐渐变干，风吹尘土，转扬几千百里。于是秦岭以北，大部分渐埋没于黄土之下。这种黄土，今天还在转移生长。

新生代中期大革命以后，中国的地势并不十分安定。中部的秦岭，恐怕还是继续地隆起。因为长江在四

注释

不遑宁息：没有闲暇的时间过安宁的日子。指忙于应付繁重或紧急的事务。

川赭盆的东部向地势较高的地方流动，水只能往低处流，所以能穿过高地者，必是先有河流而后地面上升。河流侵蚀的速率，与地面上升的速率相等或较大，所以水能流过。其余还有许多同样的证据，表示地壳近世的变迁，现在我们不必一一详论。

读书笔记

总观几万万年的历史，我们现在知道我们中国这一块地皮，并不是生来就是这样的，至少经过几次大变革。我说大变革，仿佛给人一个骤起骤落的观念。这个观念是完全错了。我们要知道一两百万年，在地质学家心目中，只当寻常人心目中的一两天或一两月。地质学家的近世至少要与历史学家的“盘古”以前相当。所以就是过去时代有极快的变更，绝不是整个的山海忽然不见了。现在就有许多事实，表示我们现在所居的时代，就是一个地势大变革的时代，即此可想象过去大变革的情形如何。

我一场话虽然多少有点根据，然而不过给大家一个概念。可惜我们所知道的地层学上的事实太少，不能把我们的讨论弄得更有趣味，若是严格地讲起来，我们中国地势的历史还是黑暗的。要把这个过去黑暗的中国弄得大放光明，那得全赖我们大家将来的努力。

（本文选自《中国地势变迁小史》第六部分《侏罗纪以后中国的地势》一文。）

风水之另一解释

❶叙述

写出了世界组织的情况，引出下文。

① 世界的组织我们都知道，是一个极复杂的东西。它各部分彼此的关系，各部分彼此的反应，各部分彼此

的牵制，往往在我们的意料以外。这固然不足为奇，因为自从我们像猴子的祖宗一直到现在，我们人类所得的知识还是有限极了，但是有时候我们睁着一对好眼睛做瞎子。[1] 有许多事情我们并不是不知道它们彼此的关系密切，然而我们却把那种关系忽略地看过。忽略看过的缘故，或者是因为那些关系的影响太小，我们看不清楚；或者因为影响太大，我们看不完全。

❶叙述

描写了有时候我们看问题所犯的错误。

近年来科学的范围渐渐地扩充，什么黑暗的地方，我们都要用科学的光来照它一照。从前人信为真实的事，有许多我们都知道是迷信；又有些从前以为是迷信的事，我们倒渐渐地觉得它有点道理。比方鬼那个东西，我们从前都以为它不存在，一切谈鬼都是胡说，都是迷信。现在我们知道许多奇奇怪怪的事实引起了从前的迷信，[2] 那些事实，实在是有研究价值的。在欧洲有许多科学名家，尤其是物理学家，相信有鬼。不过他们所说的鬼与从前迷信中的鬼，性质有点不同。

❷叙述

描写了在欧洲许多的科学名家，尤其是物理学家对鬼的看法。

我们国家的人，建一间房子，或者埋一个死人，向来都要先问堪舆家门向利不利，来龙好不好。近年来，大家讲点科学，都知道这种糊涂的举动，有碍文化的进步，想快快地设法摆脱，国人的思想总算进了一步。但是如若再进一步，恐怕我们反而要把“风水”拿来研究。就现在我们的知识看来，风和水对于人生

注释

堪舆家：古时为占候卜筮者之一种。后专称以相地看风水为职业者，俗称“风水先生”。

读书笔记

读书笔记

读书笔记

确确实实有重大影响。不过我们现在所说的风水，与从前所说的风水在根本上有不同的地方，好像占星学（Astrology）与现今的天文学（Astronomy）有不同的地方一样。他们从前所说的风水的影响，仿佛先必经过死人，或者一种神秘不可思议的机关，然后才能到活人的身上；我们现在所说的风水，直接地影响到我们日常的生活。那种影响或者有一部分，在我们活着的时候，由我们传到我们的子孙。他们从前所说的风水，只影响得地气的一家或一族；我们现在所说的风水，影响一个民族或者一个民族的一部分人。他们从前所说的风水最后以一家一族的盛衰、吉凶祸福为归结；我们现在所说的风水，以一地居民的生活状态，或其文化的种类，或其程度为归结。他们从前所说的风水以甲、乙、丙、丁，子、丑、寅、卯，青龙、白虎等无意识的名词为要素；我们现在所说的风水，乃是真正以风、以水及其他可凭可据的种种地上或地下的现象为要素。

人是一种动物，多少能自由行动。但是所有的动物不一定都能自由行动。有许多动物，比如珊瑚类，身上有一种根，长在地上，自从它生出来的日子一直到死，简直没有移动的机会。还有许多动物在幼时能自由行动，一到长成，便变成了一种固定的东西。人类虽有自由行动的能力，然而就是在现在交通方便的时代，大多数人能行动的范围还是不能不受天然的限制；并且世界上有许多的人虽然没有有形的根，然而不知不觉在他居住的地方长了许多无形的根。在地上生根的动物，由一定的地方吸收一定的养料。它们的生活状态乃至它们的形状，当然要受当地物质上种种的制约，这是极为明了的。但是关于高等动物，比如人类，因为他们有自由行动的能力，因为他们有智能的作用，所以他们所居住的地方，或者他们所在的环境，对他们的生活状态，有何等影响，有无影响，却是不容易看出来。就大概而言，大家都觉得环境对于人生，都有一种关系，大家心里酿成这种信仰，自然是因为有许多事实隐隐约约地做证据，所以后一层没有问题，但是有如何的关系，有何等的关系，这一层倒要费研究。

读书笔记

①要研究这个问题，我们不能不先做一点分析。什么叫作环境？通俗的意义颇欠明了。现在我们要造一个较为概括的，而且较为正确的界说。人类所处的环境约略地可以这样表明：

①疑问 吸引读者的阅读兴趣，引出下文。

（A）生物世界
- 人类社会……人与人的关系……社会环境
- 动物群
- 植物群

（B）无生物世界
- 气候
- 地形
- 水道
- 土壤
- 矿产
- 地盘的构造

……人与物的关系
……自然环境

读书笔记

以上是环境一方面的分析。至若关于人类的生活状态事件很多，但是其中最重要的，大都可概括如下：

（A）生存的要素：衣；食；住（包含交通的设备）

（B）职业的种类：农；渔；畜牧；畋猎；矿业；制造；商业

（C）活动的种类：体格；健康

（D）修养的特色：科学；美术；宗教

（E）社会的秩序

现在进一步求两方面的关系。

❶叙述

介绍了社会环境对于个人的重要性，引出自然环境与人生的关系。

[1]社会环境对于个人如何的重要早已有社会学者替我们研究，现在不用多说。自然环境对于人生的关系，近年来也渐渐有人研究。从前讲地理的人专事记录事实，只要知道世界上有多少国，多少山，多少河；一国里有多少人口，多少面积，出产什么就完了，并不问这些事实有如何的联络、如何的关系。现在不然，地理学家都要问这些事实发生的缘故，都想由那车载斗量的记录中找出一个头绪。这一条路可算得已经开

注释

畋猎：指打猎，出自《老子》。多用于形容打猎活动。

了，但是离我们最后的目的地还甚远。开辟这一条路尽力最大的人，恐怕要数戴维斯（W.M.Davis）、亨廷顿（Huntington）等人。我们现在所得的一点知识大半是他们劳动的结果。

现在我把以前所举的自然环境对于人生种种的关系一件一件地略述一遍。

动植物 人类的生活差不多时时刻刻都离不了植物或动物，三岁的孩子都知道。但是某种植物或动物与人生有何等的关系，却要费点考究。[①] 比方单就食物而言，有肉食，有菜食，肉食的人种与菜食的人种比较，不独体格不同，就是性情也有许多不同的地方。肉食过多容易令人发展凶恶性，菜食主义仿佛多少可以培养人慈爱温和的性情；肉食的人种平均体力较大，菜食的人种平均体力较小。肉食人种与菜食人种中流行的疾病往往不同。单就菜食而言又可分为两大宗：有以麦为主要的食物，有以谷为主要的食物。麦类养料较多，发热较多，消化较难。寒冷地方的居民，大都吃麦为生。谷类养料较少，消化较易。暖地或热地的居民，多以米为生。这不过就大概而言，当然有许多例外。

不独人类的食物与动植物有如此的关系，就是衣住两项要素，也视附近的动植物的种类为转移，人类在未开化的时代，这两个要素受动植物的牵制更厉害。[②] 试问穿皮与穿树叶比较，寒暖何如？居土洞与居树棚比较，生活的差别何如？骑马与骑象比较，快慢何如？再

❶举例子

分析了肉食的人种与菜食的人种的区别。

❷反问

通过一系列的反问，讲述了不同的衣住方式对不同人种的影响。

进一层，穿皮的人种、居洞的人种、骑马的人种与穿树叶的人种、住棚的人种、骑象的人种比较，他们习惯上的差别又如何？

我们北边的内蒙古人以及我们西北边的柯尔克孜人给了我们顶好的一个例证。[①]他们为什么善骑马？他们为什么得了游牧的习惯？因为内蒙古和天山北路诸地雨量很少，除了这一块那一块草场以外，植物极稀，五谷更不能生长，然则叫他们吃什么？自然只好吃牛酪羊酪、牛肉羊肉，穿牛皮羊皮。牛和羊吃什么？只好吃草。吃得快，长得慢，牛羊要饿死了。有什么办法？只好再找一块有草的地方。所以他们终年跑来跑去。现在我们懂了内蒙古人何故有游牧的习惯，柯尔克孜人何故夏天上天山、冬天到天山以北的平原生活。不用说，以游牧为生的民族，从生到死为日常的必需奔走之不暇，还有什么安全的地方给他们坐着想一想世界上的事，还有什么机会给他们谋一点高尚的娱乐？那么，有什么科学美术，有什么文化可以发生？

❶设问
通过设问，游牧人的生活跃然纸上，让我们懂得了内蒙古人和柯尔克孜人为何有游牧的习惯。

读书笔记

各种动植物在世界上的分布不是偶然的，乃是要受自然情形的支配。自然情形之中支配动植物分布的，以气候、地形、土壤三项较为重要。三项之中气候尤为重要。

[②]**气候**　通俗所谓气候，指平均的天气而言，意义不甚明了。我们现在所说的气候，包含一个地方每日平均的湿度及每日温度的变更，四时平均的温度及四时温度的变更，雨量的大小，降雪的多少，空气的湿度，云雾的轻重或有无其他空气中一切的情形。

❷叙述
对气候进行详细的阐述，使人印象更深刻。

① 气候对于人生的影响可分为两方面说：一是间接的影响；二是直接的影响。所谓间接的影响，就是人生种种的需要大半都不能不受气候的支配。比方寒冷地方或温暖的地方抑或极热的地方的动物都有特色。种类既异，繁殖的情形也各不相同，动物学家把这些气候不同的地方的动物群分开，定了特别的名称。动物学家和古生物学家都知道热带动物群（Tropical fauna）、寒带动物群（Frigid fauna）有如何的异点。要明白动物的分配与气候的关系，我们随便拿一张动物分配地图一看就知道。植物也是受气候的支配。寒冷地方的植物都矮小，顶冷的地方只有苔藓类的植物生长；热地的植物常茂盛高大，易成丛林。湿地与干地的植物又大不相同。比如禾稻类性喜卑湿，稷麦类性喜干燥，它们的成分多少都有点不同。所以在吃它们、用它们的人类身上，自然也应该发生不同的影响。

❶叙述

介绍了气候对于人类有间接和直接的影响，引出下文，阐述气候如何通过动植物影响到人类。

读书笔记

② 气候学家向来有一个问题，至今还没有完全解决，那就是世界上的气候仿佛有周期的变更。这个周期大概是10年或11年，或者是10年、11年的倍数。这种周期的变更仿佛与太阳中的黑点的出没有一定的关系。据近来道格拉斯（A.E.Douglas）的研究，这种周期的变更影响到树木年轮的疏密。即此一端，足见植物与气候息息相关的情形。

❷设置悬念

设置悬念，引出下文。

不用讲这种精微的地方，就是从极粗浅的地方着想，我们也知道气候与人生关系如何的密切。像我们这样的农业国家，遇了几年大旱，或者雨量过多发生了水灾，几百万男女老幼都是流离颠沛，一切的事业因而废弛；高尚的修养，比如种种教育机关，只好停办了。

❶举例子 说明人类的饮食与气候有一定的关系。

[①] 人类的食品与气候也是大有关系。冷地方的人宜多食发热的食料，比如麦类、乳酪类、脂肪类。这些食品滋养料甚多，所以冷地方的人体力较大。热地方的人多食清淡的食料，比如水果瓜菜米类。若吃发热太多的食料，必致发生消化不良的病。世界上有一种顽固守旧的英国人，他们到南洋殖民，每日早餐还要吃两个鸡蛋、一块咸肉。吃了不过一两年，他们就要请病假回国了。我们的饮食不能不受气候的支配于此可见一斑。

读书笔记

我们所住的房屋的大小形式也要受气候的支配。中国北部的房子为什么平顶矮小的居多，南部的房子带屋脊而且较为高大居多，都是因为雨量风力所逼迫而成的。这一层不用细说，我们都知道。

我们的职业，甚至于一国工商业的发展，有时与气候也有重要的关系。请看我们国内所用的洋线洋纱，从前差不多都是由英国运来的，近来从英国运来的还不算少。英国的纺织差不多都在兰开夏（Lancashire）一郡。我们看世界上棉花分布的区域，并没有兰开夏这个地方。[②] 然而何以那里的纺织业发达？我们看世界上雨量分配图，就明白那个原因。原来兰开夏一带空气很湿，而纺织事业宜于空气湿的地方。有了这种天然的条件，并且还有其他天然的条件凑合，所以兰开夏的纺织业非常的发达。

❷设问 首先提出为何纺织业发达的问题，然后分析问题。

现今世界上人文的特色，可以说是自由地利用天然势力。现在我们所用的天然势力，大半都出在煤和石油身上。全世界地下所储蓄的煤和石油有一定的分量。现在我们用起来一天多于一天，而它们在地下一点也不能增长。那么一定有一天煤和石油要用尽了，这个时期并不甚远。[1]那时候我们的汽车、电车恐怕一齐都要停摆，有什么法子补救？我们只好另外辟一个天然势力的渊源。由原子里取出来，恐怕做不到；仰仗木材，木材长得太慢。将来恐怕有一天我们还要大计划地从太阳身上想法子。这法子并不太难。太阳每日给我们地球许多热能力，不过有的地方空气中湿气太重，云雾太深，将太阳送来的热力吸收去了。现在世界上已经有人做出太阳发动机，不过不甚完善，效力不大。这种机器将来如若能改良，现在人人放弃的撒哈拉（Sahara）大沙漠或许会变得与现在世界上顶好的煤田相同。

❶疑问

提出能源用尽的问题，引出下文的解决办法。

以前所说的都是气候对人文产生间接的影响，还有许多直接的影响。

昨天天气清和，我们都觉得做事格外爽快；今天天气阴湿，大家觉得精神萎靡，做事也比昨天迟钝。一入初夏，筋骨都觉得松了；[2]一交秋令天高气清，我们的头脑仿佛格外地明晰，筋肉格外地紧张，仿佛生发一种乘长风破万里浪的气概，这种感觉正是表示气候对人类的精神身体有何等直接的影响。关于这一层，亨廷顿研究最详。他曾用统计的方法把世界各地方的湿度、温度对于居民的健康程度的关系，做成几个重要的图。他又做出许多图来比较世界各地文化的程度与气候的关系。

❷描写

通过描写人们感受到的秋高气爽，说明气候对人类产生直接的影响。

读书笔记

照亨廷顿研究的结果，气候的变更比平均的气候对人类的影响较为重要。

热带地方的人民容易饱暖，体力较小，所以他们不好运动，而好静想。一方面使他们产生怠惰的习惯，一方面使他们易倾向于消极的思想。然则佛教出于印度乃是自然而然，并非偶尔。埃及、波斯等地文化只限于人文发展的初期，一部分也可从气候上解释。

❶疑问

先提出气候产生差别的问题，为下文的三个层面的回答埋下了伏笔，说明了气候受多方面的影响和支配。

[1] 然而世界上各处的气候何故产生了差别？这是一个根本上的问题。我们对于这个问题可以简单地回答，分为三层：一是受纬度的支配；二是受气流及潮流的支配；三是受地面的高度及形势的支配。假若地球的表面极为平均，无高低差别，无海陆差别。那么，全地球可分为许多气候圈，每个气候圈都与赤道平行，同一时候各气候圈所受的阳光不等。在赤道附近，当春分、秋分时候，太阳正在赤道之上，所以受阳光最多；当冬至、夏至时候，太阳离赤道最远，所以赤道受阳光最少。但是这种变更不甚重要，因为一年之中，每日正午太阳总离顶线不远。若由赤道向北极走，离赤道愈远，太阳的光线射到地面愈斜，但是同时昼夜长短的差别愈大。若在夏季昼愈长夜愈短，因为白天的时间增长，所得的阳光与因为光线变斜所失的阳光两两相消。在 6 月 21 日北半球所受的阳光有两个最大的处所：一个在纬度 43.5 度；一个在北极。纬度 62 度附近所受的阳光最少。12 月 21 日南半球的情形与北半球 6 月 21 日受太阳热的情形大致相似。

读书笔记

然而就事实上看来，世界上的气候并非按着这种受阳光的情形分配。热带地方有雪山，比如乞力马扎罗山、鲁文佐里山（Mount Rwenzori）；纬度极高的地方比如挪威的北部也可居人。这就是一方面有地面的高度调剂，一方面有暖潮调剂。以前曾说过，英国西部兰开夏一带比东部的雨量较多。之所以产生这种差别，就是因为英国中间有一条山脉，由北至南，名奔宁山脉（Pennine Range），由大西洋来的风中所含的湿气一半为这个山脉所挡住。我们中国南方雨量较多，北方较少，一半自然是季候风使然，一半也是因为中间有一条很长而且很高的秦岭挡住了东南边来的湿气。

高山不独如前所说能支配湿气的流动，并且能促水汽的凝结。照以前所说的种种事实来看，一地的气候至少有一部分受地形的支配。

[1] **地形及水道** 一个地方的水道乃是直接受那个地方地形的支配。地形与生物的关系也可从两方面说：一是间接的影响；二是直接的影响。间接的影响又可分为几层说。植物群的分布常与地面的高度以及地面的形势有一定的关系。比方在喜马拉雅山脚我们所见的植物是热带的植物，渐渐上山，植物的种类渐渐变化，与温带地方的植物相当；到最高的处所所长的植物，却与寒带的植物形态相似。动物群也是与地形有一定的关系。

读书笔记

❶叙述

水道直接受地形的支配，地形对生物有直接和间接的影响，表现了地形的重要性。

注释

季候风：全称是季节演变风，指随着季节演变，陆地和海洋出现温度差异，形成的大尺度风系统。

❶举例子

以驴、马、鹿等为例说明动物的分布与地形有一定的关系，因此渐渐产生了许多特别的习惯。

有的宜于山居，如猴类、虎豹类；[1]有的性喜高原或平原，如驴、马等类；有的性喜潮湿，如鹿、豖等类。所以居高原、平原的人得了驴、马等类交通的利器，他们长于骑驭，因之渐渐产生了许多特别的习惯。

为简单起见，我们可将各样的地形概分为二式：一是丘陵式；二是原野式。丘陵式的地方常有山脉起伏，河流萦绕。此种地方的河流往往较深而不易泛滥，便于行船。中国南部，即秦岭以南的地方，属于这种形式。原野式的地方常有广大的高原、平原，一起一落。高原与平原接头的地方地形变更甚急，河流较浅，河床极宽，容易泛滥，不利行船。中国北部即秦岭以北的地方，属于这种形式。一地文化的发展、交通的难易，可算得是极重要的原因。所以尼罗河、底格里斯河、幼发拉底河，以及恒河流域等处，都是古代文化的渊源。中国西北境都是高山，东南一片浩海，所以几千年关在门里，与他族老死不相往来，没有什么进步。就中国内部而论，南北的情形亦有大不相同之处。南边因为有一条长江，所以近年来新思想发育较快，北边虽有一条黄河，却不能利交通。北部的居民新思想发展较慢，这不能不算一个大原因。

读书笔记

读书笔记

一个大陆上分了许多国。一国里往往又分了许多政治区域。这些国界和政治区域的境界，往往就是地形变更的地方，又可以说是地文区域的界线。请看英伦与威尔士的界线、西班牙与法国的界线、意大利和瑞士与奥地利的界线、战国时代各国的界线、三国时代魏蜀吴的界线、现今中国内地十八省的界线，都不是偶然发生的，亦并不是绝对的用人工做成的，多少都有天然地形的关系或地文的关系存乎其中。一个国家理想的政治区域，当然应与那一国的地文区域多少一致，因为那样合乎自然的组织，就行政上说，最为经济；就政策上说，最足以启发各地方人民的特长。

① 至若地形对于人生直接的影响，可分为身体方面与精神方面两层。山路崎岖，往来行旅必要费许多的精力，且山上的气候往往比平原的气候变更较为剧烈，所以山居的人民往往体力较大，并且富于坚忍耐劳之性；平地的居民锻炼体力的机会较山居的为少，所以他们的性格体质往往较为软弱。这是只就身体方面说的。若论到精神方面，影响之大较身体方面恐怕有过之无不及。人类是最富于模仿性的一种动物，外界种种的形状，都在他心里留一个印象，这些印象他随时就可拿出来应用。② 我们何以知道做一个车轮？绝不是因为有了几何学我们才知道做出一个圆的东西。恐怕天上的太阳、月亮早已把一个圆的观念给我们的祖宗了。由此类推，人类所有种种形态上的基本观念，恐怕不由天然界得来的很少。更进一层，人类自己的性格恐怕也不能逃脱自然界种种物象的支配。山象巍巍，所以山居的人禀性应甚沉重；水象清淡，常常流动，近水的居民应该禀性较为轻率而圆通。中国北部风景简单，黄土平原，一望数千百里，所以北方的人民赋性应该较为简单，较为直爽，

❶叙述

地形对于人类的影响，分身体方面和精神方面两层，引出下文，进一步深入阐述这个问题。

❷疑问

提出制作车轮的问题，引发读者深思，并进一步阐述人类的性格也受自然界种种物象的支配。

注释

赋性：天性。

但不免缓慢呆滞；南部山回水曲，景象随地不同，所以南方人心境应该较为复杂，往往智慧多端，但是不免近于狡猾。同为中国人种，数千年来受同样的教化，而性格竟相差若是，根本的原因大部分不能不归之于地文。

①然而地面何故发生种种形势？要根究这个问题，我们不能不讲到地质。

❶设问 地面上的种种地势，要从地质说起，为下文的农业与地质的密切关系埋下了伏笔。

土壤、矿产、地盘构造 农业的发展几乎全视土壤的性质何如，不用详论。土壤的性质全视地下岩石的种类何如，岩石的种类又全视当地地质的历史何如。然而农业民族的生活状态与地质的情形有何等密切的关系，由此可以想见。不独农业与地质有如此的关系，就是一地的矿产对于一个民族发展的历史也往往有极重要的关系。②比如欧洲自从工业革命以后需用煤、铁日多一日。英国一国煤田甚多，英国的煤层并且常与可采的铁矿互相毗连或相距不远。有这种天然的利益，所以英国的工业发达独早。德法两国屡次交战，杀人数百万，虽然有种种历史上的原因，然而阿尔萨斯－洛林（Alsace-Lorraine）地区的铁矿不能不算是惹起这种历史上的大事件的一大原因。

❷举例子 以欧洲和英国为例，矿产对于一个民族发展的历史也往往有极重要的关系，从而引出下文。

日本铁矿甚为缺乏，它现在正在由农业国而变为工业国的时代，需铁很多，自己国家没有造铁的原料，所以只好极力到它邻近的中国来想法子。山西一省几乎全是煤田，现在因为交通不利、工业不振，山西的人民还是多数务农。将来我们国家实业发达，山西必有大开煤矿之一日，山西人民大部分必至于抛弃他们祖宗遗传的

读书笔记

农业而入于矿业一途。太原也许会变成一个中国的伯明翰。矿产对于一个民族的前途又有如此重大的影响。

[1] 现在说到地形，各种的岩石结构不同、性质不同，各地岩石构造的情形往往各有特象。这些结构不同、性质不同、构造不同的岩石受了风雨的剥蚀，各应其抵抗力的大小，在地面上呈各种形状。岩层如有破裂或褶皱的地方，在地面往往也有特别的形象发生。以前所说的英伦与威尔士交界的地方地形忽而变更，乃是两方面地层的种类不同、构造的形式不同所致。东面属于中生代的岩层，褶皱甚缓；西面属于古生代的岩层，褶皱甚急。英国中间之所以产生奔宁山脉挡住西来的湿气，是因为古生代末期欧洲发生了一次地盘大改造，那就是地质学家都知道的海西运动（Hercynian Movement）改造。意大利北境之所以有山脉，是因为第三期的中叶欧洲又发生了一回地盘的鼓动。中国秦岭以北地层褶皱较少，破裂甚大，呈平台式，所以地表的形状属于原野式；南部褶皱甚多，所以呈丘陵式。

❶叙述

写出岩石的特象与地区的关系。

读书笔记

[2] 伦敦之所以为伦敦，有人以为纯系偶然，其实大谬。伦敦地盘的构造像一个盆形，故名伦敦盆地。盆中都是为四边翘起中间凹下的地层填满，那些地层的构造对于造天然喷水井非常相宜。因为有这种天然的便利，所以当初有许多人家积居在伦敦盆地的中间，渐渐繁盛，于是才有今日的伦敦。巴黎之所以为巴黎，也可用同样的理由解释。

❷举例子

写出了伦敦与地层的关系。

不要说这种大地方，就是极小的一个村落、一条道路的存在，只要仔细地考察，往往能找出地下的原因。①比如一个褶皱；或是一个地层中的小裂缝；或是一层特别的岩石的露头，都可为居民聚居的原因。常在实地调查地质的人，都知道这种奇怪的事实。

❶举例子　表现了地质与人类生活的密切关系，引发读者深思。

综括以上种种，我们现在敢下一个断案，那就是地下的种种情形有左右地上居民生活状态的势力。那种势力的作用，常连亘不断。它的影响虽然不能见于朝夕，然而积久则伟大而不可抗拒。②人类既是自然界的一部分，怎能逃脱这种熏陶孕育的势力？这种势力千变万化，运行各异其方。各地居民受其影响者，各具特殊之性。于是甲地的人民长于某种制造，乙地的人民工于某种美术，倘若各地人民逐渐发挥其天赋的本能，彼此和合，彼此补助，小而言之一地或一国的文化，大而言之全世界的文化，乃得尽兴尽量发展。我很希望政治学者、社会学者解决种种实际问题的时候，把我们现在所讨论的一层纳入考虑之中。并且我希望将来有机会根据这个原则来讨论中国的政治区域应如何划分。

❷反问　提出问题，引出下文。

（本文选自《太平洋》第4卷，第1号。）

浅说地震

③地震能不能预报？有人认为，地震是不能预报的，如果这样，我们做工作就没有意义了。这个看法是错误的，地震是可以预报的。因为，地震不是发生在天空或某一个星球上，而是发生在我们这个地球上，绝大多数发生在地壳里。一年全球大约发生地震500万次，

❸疑问　由地震能不能预报，引出后文，并进行了详细阐述。

其中95%是浅震，一般在地下5—20千米。虽然每隔几秒钟就有一次地震或同时有几次，但从历史的记录来看，破坏性大以致带有毁灭性的地震，并不是在地球上平均分布，而是在地壳中某些地带集中分布。震源位置，绝大多数在某些地质构造带上，特别是在断裂带上。这些都是可以直接见到或感到的现象，也是大家所熟悉的事实。

读书笔记

可见，地震是与地质构造有密切关系的。地震，就是现今地壳运动的一种表现，也就是现代构造变动急剧地带所发生的破坏活动。这一点，历史资料可以证明，现今的地震活动也是这样。

①地震与任何事物一样，它的发生不是偶然的，而是有一个过程。近年来，特别是从邢台地震工作的实践经验看，不管地震发生的根本原因是什么，不管哪一种或哪几种物理现象，对某一次地震的发生起了主导作用，它总是要把它的能量转化为机械能，才能够发动震动。关键之点，在于地震之所以发生，可以肯定是由于地下岩层在一定部位突然破裂。岩层之所以破裂又必然有一股力量（机械的力量）在那里不断加强，直到超过了岩石在那里的对抗强度，而那股力量的加强，又必然有个积累的过程，问题就在这里。逐渐强化的那股地应力，可以按上述情况积累起来，通过破裂引起地震；也可以由于当地岩层结构软弱或者沿着已经存在的断裂，产生相应的蠕动；或者由于当地地块产生大面积、小幅度地升降或平移。在后两种情况下，积累的能量，可能

①叙述

为下文讲述地震的原因、地震的关键点、地震的强度等埋下伏笔。

读书笔记

读书笔记

逐渐释放了，那就不一定有有感地震发生。因此，可以说，在地震发生以前，在有关的地应力场中必然有个加强的过程，但应力加强，不一定都是发生地震的前兆，这主要是由当地地质条件来决定的。

不管那一股力量是怎样引起的，它总离不开这个过程。这个过程的长短，我们现在还不知道，还有待在实践中探索，但我们可以说，这个变化是在破裂以前，而不是在它以后。因此，如果能抓住地震发生前的这个变化过程，是可以预报地震的。

可见，地震是由于地壳运动这个内因产生的。当然，也有外因，但不是起决定性作用的。所以，主要还是研究地球内部，具体地说，就是研究地壳的运动。在我看来，推动这种运动的力量，在岩石具有弹性的范围内，它会在一定的过程中逐步加强，以至于在构造比较脆弱的处所发生破坏，引起震动。这就是地震发生的原因和过程。解决地震预报的主要矛盾，看来就在这里。

这样，抓住地壳构造活动的地带，用不同的方法去测定这种力量集中、强化乃至释放的过程，并进一步从不同的途径去探索掀起这股力量的各种原因，看来是我们当前探索地震预报的主要任务。

①地应力存不存在？我们一次又一次，在不同地点，通过解除地应力的办法，变革了地应力对岩石的

①疑问
直接提出问题，引出下文。

注释
有感地震：在震中区多数人有明显震感（震级一般大于等于3级）的地震。

作用的现实状况，不但直接地认识了地应力的存在和变化，而且证实了主应力，即最大主应力，以及它作用的方向，处处是水平的或接近水平的。从试验结果看，地应力是客观存在的，这一点不用怀疑。瑞典人哈斯特，他在一个砷矿的矿柱上做过试验，在某一特定点上的应力值，原来以为是垂直方向的应力大，后来证实水平方向应力比垂直方向的应力大500多倍，甚至有的大到1000倍。

读书笔记

构造地震之所以发生，主要是由于地壳构造运动。这种运动在岩层中所引起的地应力与岩层之间的矛盾，它们既对立又统一。地震就是这一矛盾激化所引起的结果。因此，研究地应力的变化、加强到突变的过程是解决地震预报的关键。抓不住地应力变化的过程，就很难预言地震是否发生。

（本文选自地质出版社1977年版《论地震》。）

地震与震波

地震的震中，绝大部分深度不大，但也有少数地震是从地球深部发动的。每一次地震都发出三种不同的震波：第一种是纵波，又叫疏密波，它传播的方向和受震动的物质摆动的方向是一致的，好像音波一样；第二种是横波，又名扭动波，物质受这种波动而发生的摆动，并不与波动传播的方向一致，好像拿一条绳子让它摆动时，绳子各点摆动的方向和波动前进的方向是不一致的；第三种是表面波，这种波又分为两种，在此无须详

读书笔记

述，它们仅仅在地面传播，当地震发生时，这种表面波破坏力较大。这三种波动传播的速率都不等，纵波最快，横波较慢，跟着来的就是表面波。所以，在离震中稍远的地方，它们到达的时间不同，因此从纵波和横波到达的时差，可以计算接收这两种波动的地点到震中的距离。

①弹性物质传这两种波的速度，与它们物质的密度（比重）和某些弹性系数各有一定的关系。它们都是与传播物质的密度的平方根成反比例。因此，从震波传播的速度，可以推测传播它的物质的密度。

①解释说明

解释了从震波传播速度推测物质密度的原因，可以看出两者的关系密切。

以上这些事实，是经过无数次实践的经验完全得到的证实，从理论上也可以得到证明。

另外，根据实践的经验，我们知道，固体既可以传播纵波，又能传播横波，而流体只能传播纵波，不能传播横波。

地震波传播的速度，在地球上各处看来稍有不同。从事地震工作的人们所提出的数据，也不完全一致，同一个人，不同时间提出的数据也不完全一致。不过，总的说来，只是大同小异。

另外有人认为，最上一层 10—15 千米，纵波传播速度大约每秒 5.6 千米，横波传播速度约每秒 3.2 千米，其下有不甚显著的不连续面，这个不连续面下的一层的厚度与上层大致相等，其传播速度是每秒 6.2 千米。深度 45 千米左右。传播速度突然增加，不连续情况，极为显著。

读书笔记

从上列数据，可以看出：

（1）地震波在地球中传播的速度，一般越到深处越大。

（2）速度不是均匀增加的，而是达到某些深度时突然增大，达到核心表面又显著地减少。在那些深度，构成地球物质的性质显然有所变化，一般越深越重。

（3）[1]这种突然变化及不连续的现象，标志着地球内部，可以划分为若干个同心的球形圈。其中，最上一圈的厚度，一般认为33—45千米，但有的地方较厚，如西藏高原达到60千米以上，而另外有些地方，厚度较薄，最薄的地方不到30千米，个别地区更薄。这个最上的一圈，就是地壳。

❶列数字

通过数据，具体准确地介绍了地壳的厚度。

（4）所有不连续面中，有两个不连续面特别值得注意。一个不连续面，有时称为莫霍面（Mohoroviic discontinuity）；另一个是深度在2898千米的不连续面，有时称为古登堡（Gutenberg）不连续面。这个不连续面以上，直到地壳的底部之间的球形圈，统称为地幔。地幔以下的部分，统称为地球核心。

（5）到现在为止，还没有得到横波穿过地球核心的可靠记录。

（6）在2898千米的不连续面以下，地球核心各圈的密度虽然增加很快，但传播纵波的速度，反而比在地幔下部传播的速度显著地降低。

读书笔记

如若把地震波传播的速度，和前述酸性岩和基性岩即硅铝层和硅镁层的分布情况结合起来考虑，似乎硅

注释

莫霍面：全称莫霍洛维契奇界面。

铝层和硅镁层或硅镁层的上部，都应属于地壳的组成部分。这样，就可以说，地壳的厚度，除了某些大洋或大洋中某些区域以及大陆上某些区域以外，大致可以认为，平均厚度不出30千米到40余千米的范围。这个数字，同地热方面推测的数字大致符合。

（本文选自《天文·地质·古生物》第六部分《地震波穿过地球各层的速度》。）

沧桑变化的解释

前几天去彭公庙的路上，遇到一位老者问我们做什么。我说是看看地。他问："地下有宝吗？"我说："或者有，或者没有。"他又问："能看好深？"这句话骤听起来，似乎可笑，然而实际含着精微的哲理。[①]我们为什么要看东西？是要得到认识，认识愈真切，便是看得愈深。譬如我们平日看到好多东西，就说这个花木，如花是红的，叶是绿的。或者看见朋友，认识他，认真点说我们只认识他的外表，事实上未必认识他的人格、他的个性。夫妇之间算是最亲密，亦有时不认识彼此心性。又如房屋，只认识其轮廓，实际内容如何，尚不得知。刚才老人的话，看起来很普通，其实很有道理。看地质的人，就是想往里看，往深看。然而究竟能看多深，便要问地质科学进展之程度和看者个人的造诣。

❶疑问
提出问题，引出下文，看起来很普通的一个现象，也值得深入研究。

读书笔记

地质学探讨的问题，大致可以说，是探讨沧海桑田的变化是桩什么事。沧桑变化是一段神话，似为无稽之谈，研究地质以后，才知道有相当的道理，才能做一个解答。即在地质学发达程序看起来，沧桑之变化是研究得比较早的，在中国宋朝时朱熹就有研究。看《朱子语录》，①他说，你在山上石中时常可发现介壳类，如螺丝蚌蛤，这都是生长在水中的，居然发现在高山上，包含着现在的高山有个时期处在水中的意义。又说，好多山头有波纹状况，如水的波动，好像这山头是在水中造成的。这些话都算认识不差，《朱子语录》有这些话，足以证明沧桑变更之认识，朱子恐怕要算第一人，也就是世界上第一个地质学家。古希腊的学者，对于地质只有片段的记载，既无事实证明，也没有具体的考察，所以朱子研究地质学，在世界上最早。朱子以后，②为意大利人列奥纳多·达·芬奇（Leonardo da Vinci），他是画家、音乐家，也是文学家，是15—16世纪的人，正当我国明朝时期。他常到野外去，发现许多化石，他的研究比朱子还详细。此后讲地质学者，日渐增加。18世纪末，西欧文化日渐进步，就是现代科学的嚆矢。18世纪末研究学术者甚多，有许多人研究地质学。他们研究的方法有两种：一条路是研究动植物的，另外一条路是研究矿物的。因为石中有结晶体，如四方形、六方形，以及其他多面形等，每种矿物结晶形，给予一个名称，逐渐发展为矿物学。研究动植物的人，虽然不都研究化石，然而化石就是生物的遗骸，是在石中成形的。所以研究生物的演变，化石是不可少的。第一条路研究矿物的，直至现在还继续下去，不过方法更精明更进步

❶引用

引用《朱子语录》中的话，表明朱子早已对地质变化有过观察研究。

❷举例子

介绍了意大利人达·芬奇对地质的研究。

读书笔记

注释

介壳：指软体动物或其他动物的外壳。

嚆（hāo）矢：带响声的箭，借指事物的开端或先行者。

罢了。第二条路研究化石的，经过许多阶段。这都是学术上的变迁，对于沧桑的认识，关系很大。这里也分为两大派：一为法国学者如居维叶等生物学家。① 要知道古代生物成千累万，而埋在石中者，例如介壳类、脊椎动物类，在石中所找得到，现今大都不生存，这是什么道理？居维叶以为地球上常有洪水发生，每次洪水均有极大摧残与破坏，每经一次洪水，陆上生物就死了个干净。再过一个时期，又产生一些新的生物，如是者若干次，所以说，古代生物与现代的生物不同，就是洪水的缘故。又一派主张生物逐渐演变，无须洪水，如英国学者达尔文等，就是这一派的中坚分子。② 如古代的小马、巨象，其各部分逐渐变更的情形，大半都由化石中可以寻出，所以生物逐渐进化说得以成立。地质上的现象，逐渐演进，也因之渐形确定。此两派学者斗争至烈，到 19 世纪大家都知道居维叶的主张是不对的，而渐进说是对的，是合理的。

①疑问

提出问题，引出下文。

②举例子

以古代小马、巨象为例，说明了渐进说的合理性。

从矿物的方面出发，也有两派斗争：一派为德国人，重要者如维尔纳等，其重要主张，石头系火山爆发所致，如熔铁炉一样，石头在 1000 余摄氏度时大都熔化，到几百摄氏度便凝固了，这就是火成说。另一派为水成说。就是有如干土、泥砂、石，因在水中，故成层次，一层一层的，重重叠叠。我们假想河流挟泥砂冲入海中，平平地积成一层，设若另外一次水冲来，又成一层，像这样经过若干次，便成层叠不穷厚大的石头，这就是水成说。主张水成说的大部分是英国人，如赫顿等。后来研究者根据事实，搜集证据的结果，证明水成说是对的。两派学者

读书笔记

均能解释沧桑变化的一部分缘故，就是一大部分是水成岩，一小部分是火成岩。现在已证明这是合于事实的。这两大重要学说经过事实证明，已毫无疑问。

生物是逐渐进化的，岩石是大部分在水内成功的，小部分是火山喷发的，已成定论。掘地考古，果如老人之言，看入愈深，则认识得愈多，故可钻地成孔，向下看，越深越好。不过这太笨了，这笨法子实际并不能用，若在大海中，不是十分的困难吗？如岩石是一层层平铺的，在陆地上倒不成问题，是很简单的。事实上岩石并不是平铺的，而是褶皱的、倾倒的、错乱的。故勘察地质者，如此更为困难。解决的方法，就靠生物的方法，以生物之进化程序来决定某代有某生物，拿这方法来研究，还是不够。另一方面就要拿构造的方法来补充。①譬如一部未装订的、错乱的、残缺不全的“二十四史”，整理的方法乃清理褶皱似的，把它一页一页拉平。另一方面就是按字索时，如有曹操字句者，入《三国志》；有朱温字样者，入《五代史》；或根据某一事实之记载入某史。此即根据化石的方法和地质构造的条理。做地质工作者正如是，地质学之方式亦如此。现在另有一问题，即所找者为何物，并不注意它距今有若干年。如二十四史学者亦不注意距今的年月，大概拿朝代年号来分别就够了。地质学亦如是，如寒武纪、泥盆纪、石炭纪、二叠纪、三叠纪、侏罗纪等来决定。正如朝代一样的，由某纪即可追寻它在时间上的次序。但一般人士于此不大熟悉，犹如乡人不知道朝代一样。②若追索年数，最可靠的方法，是拿放射矿物来研究，放

读书笔记

❶举例子

举“二十四史”的例子，形象地说明了什么是构造的方法。

❷举例说明

以石炭纪和侏罗纪距今年份为例，说明如何通过放射矿物来确认地质年代。

射性的爆裂是不受温度和压力影响的，按它的爆发之结果，来决定年代，这方法很有成效，如石炭纪距今约为五百个百万年，侏罗纪为两三百个百万年。地质学是以百万年为单位的，时间好像过长，但学地质的是感兴趣的，好像麻姑所说的沧桑之变，是实有的事。不过沧海桑田太普通、太易见了，倒不足为奇。不如说是山海变更，更觉彻底，更显利害，更能得到重大结果，更表明变化的重要阶段。

造山运动的解释，近二三十年才达到重要的阶段。因为利用物理学尤其是力学上的原则来研究，已脱离渐变说、急变说的幼稚言论。

❶概述

概括了中国山脉的系统性，引起下文详细的阐述。

读书笔记

[1]中国的山脉是不乱的、有系统的，最有系统的是东西线。最北和苏联交界的，是唐努山脉、肯特山脉；往南内外蒙古盆界，便是阴山山脉；再南便是昆仑山脉、秦岭山脉；最南就是南岭山脉。这种东西线的山脉，每两条相隔纬度大约 8 度，即约 800 千米。这种情形全世界都有。唯在欧洲有国土的限制，故难有显著的研究。另一种为弧形山脉，我个人称它为山字形山脉，因为像个山字。如湘南系，从资兴至郴州苏仙岭、临武香花岭，而至都庞岭，中间一直就是衡山、阳明山、九嶷山，故两边有耒阳、祁阳、道县等平原。两端各有一反射弧，资兴正在反射弧形之中，彭公庙及酃县边境应在反射弧形之顶。故昨天到彭公庙酃县边境去看，果然

注释

酃（líng）县：旧地名，在湖南。今改称炎陵县。

不错。明日还要到青要铺去看反射弧形之自然转弯现象。想来在青要铺方面，一定可以看到。主要者，反射弧形均朝向赤道，美洲、欧洲、非洲都是这样的山。个人的意见，解释这种弧形构造的生成，似乎与地球的自转速率有关。假定地球愈转愈慢，则甚难解说此现象。若地球愈转愈快，则因离心力水平分力的关系，部分移动，便成向着赤道地壳表面褶成山字形的现象，又假定转动愈快之后，便成大陆分裂现象。例如南北美洲因为赶不上速度，便逐渐与欧非大陆脱节。这里有许多证据，例如有种种不能渡海的陆上生物，在非洲也有，而在美洲也有。

[1] 故可证明美洲原与欧非两洲连贯。后因不能追上此转运之速度，美洲遂致落伍而脱节。根据此种说法，可说明大陆之成因、山字形山脉之成因，此种说法正在萌芽，若非战事发生，恐10年内便可得到定论。将来这种说法成定论之后，便可解释地质上许多问题，并可解释沧桑变化的道理。

❶结论

由上文叙述得出美洲原与欧非两洲连贯。

（本文选自亚洲商店1942年编印的《李博士旅资讲演集》。）

本编主要介绍了地震的预报、地震的发生、地震的震波以及一些基本的地质学概念。地震是可以预报的，因为地震绝大多数发生在地壳里，地震是地壳运动的一种表现，地震的发生不是突然的，都有

一个过程。如果能观测到地震发生前的这个变化过程，就可以预报地震。每一次地震都发出不同的震波：纵波、横波和表面波。其传播速度各不相同，纵波最快，横波较慢，紧跟着是表面波。我国是一个多地震的国家，地震较为频繁，以李四光为代表的科研工作者，深入调查研究，提出了一些思路和方法，为地震预测预报工作奠定了基础，指明了方向。

1. 地震能不能预报?

2. 震波有几种?

3. 中国的山脉最有系统的是什么线?

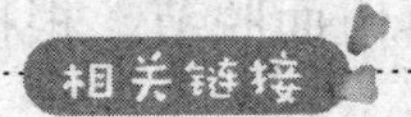

地震的成因是地震学当中的一个非常大的课题，板块和板块交界的地方，是地壳活动较活跃的地带，也是火山、地震比较集中的地带。

地震发生的地方叫作震源，震源的正上方的地面叫作震中。地震会造成严重的人员伤亡，可能引起火灾、水灾、毒气泄漏、细菌等扩散，也可能造成海啸、滑坡、崩塌、地裂缝等灾害。

据有关部门统计，地球上每年发生500多万次的地震。其中很大部分太小或太远，人们几乎察觉不到，真正造成特别严重的危害的地震有十几至二十次。世界上运转着数千计的各种各样的地震仪器，日日夜夜监测着地震的动向。

下编　地　热

名师导读

大家都知道，能产生热能的资源有很多，如石油、煤炭、木柴等，它们给我们的生活提供了很多方便，提升了我们的幸福感。其中煤炭的使用十分广泛，但是煤炭是有污染的，烧煤炭产生热能会对环境造成破坏。那么有没有一种天然、无污染的能源呢？有的，那就是地热。什么是地热呢？地热藏在哪儿呢？让我们一起阅读本部分内容吧。

地　热

有一种地球起源的概念，到现在还占着相当重要的统治地位。就是说，①地球原来是一团高温度的物质，后来这些物质逐渐冷却，在地球表面上结成壳子，被叫作地壳。这样形成的地壳，从表面到地球的深部，温度就必然越来越高。从钻探和开矿的经验看来，越到地下的深处，温度确实越高。但地温增加的情形各地不同，同在一地又随深浅而有不同。地温每增加1℃，往下进入的深度名叫

❶下定义

作者运用下定义的说明方法，把地壳的概念阐述得形象生动、通俗易懂。

❶列数字

为了证明"地温增加的情形各地不同"，作者列举了我国的大庆、房山，欧洲和北美的地温数据，有力地证明了自己的观点。

地温增加率，[1]在亚洲大致40米上下增加1℃（我国大庆20米、房山50米），在欧洲绝大多数地区是28—36米增加1℃，在北美洲绝大多数地区为40—50米增加1℃。这个地温增加率，并不是往下一直不变的。假如，我们假定每深100米地温增加3℃，那么只要往下走40千米，地下温度就可到1200℃。现今，世界上各处火山喷出的岩流，即使岩流的熔点因压力的增加而有所变化，温度大都在1000℃—1200℃。据实验结果，玄武岩流在40千米的深度下，它的熔点不过增加60℃。这个数字，看来对熔岩影响甚小，对上述的1000℃—1200℃的估计没有什么影响。根据地热的情况，地壳的厚度大约在35千米。

以上是从玄武岩的特点来推测地壳的厚度。现在从地球表面的热流和构成地壳各层岩石中所含放射性元素蜕变的发热量来探测一下地壳的厚度。[2]地壳的上层，主要是由花岗岩之类的酸性岩石组成的；地壳的下层，主要是由玄武岩之类的基性岩石及超基性岩石组成的。

❷分类别

地壳是非常复杂的，不可一概而论。为了把地壳的情形说明清楚，作者从"地壳的上层""地壳的下层"两个层面分别对地壳进行分类阐述，给人留下深刻的印象。

花岗岩之类的酸性岩石，平均每100万克每年由铀发出的热量为2.3卡，由钍发出的热量为2.1卡，由钾发出的热量为0.5卡，即平均每100万立方厘米的花岗岩类岩石每年发出13.7卡的热量；玄武岩之类基性岩石以及其下的超基性岩石，平均每100万立方厘米每年发出3.8卡的热量，其中超基性石岩所发出的热量，占极小的比重。

地球表面的热流平均值为每秒每1平方厘米1.25×10^{-6}卡（即每年每1平方厘米接近40卡），除了特殊的地热异常地区或地带以外，这个数值，最小的不小于0.8×10^{-6}卡，最大的不大于2.24×10^{-6}卡。用平均热流的数值乘地球全部面积，即得每秒热流总量为 $1.25 \times 10^{-6} \times 5.1 \times 10^{8} \times 10^{10} \approx 6.4 \times 10^{12}$ 卡（即每年 2×10^{20} 卡），其中大陆方面占每秒 2.2×10^{13} 卡（即每年为 7×10^{20} 卡）。假定大陆壳上层的厚度为 18 千米，地壳下层厚度也是 18 千米，按上述地壳上下两层产生的热量计算，大陆壳产生的热量为每年 5.4×10^{19} 卡，差不多可以抵消它失去的热量的 80%；可是大洋方面的情况就大不相同，如果假定大洋底上面平均有 1 千米厚的花岗岩类岩石，其下有 5 千米厚的玄武岩①（实际上在广大的太平洋底只有玄武岩），有人计算过，构成大洋底地壳的岩石产生的热量，抵消大洋底失去的热量不到 11%。

以上假定的大陆壳的厚度和海底地壳的厚度，当然是指平均的厚度，上述数据虽然不完全可靠，但也不是毫无根据，从地震观测所获得的大量事实，与上述假定，大体上是相符合的。这样推测出来的大陆壳的厚度，与考虑玄武岩流所得出的厚度，也相差不大。

地球上自有生物以来，地面的平均温度，虽然有时发生较大的变化，如大冰期来临的时代，但至少最后三次大冰期并没有使比较高级的生物群灭亡，相反，有些新种族得到了特别的发展。②这说明尽管地面平均温度下降了，但下降的幅度不会太大。否则高级生物很难继续生存下去，更说不上有所发展。

按前述构成地壳上下两层岩石含放射性元素的特点

①强调说明

人们对太平洋底石头的性质几乎一无所知。这里作者进行了强调说明，普及了地球科学的基础知识。

②归纳总结

作者从正反两个方面对地面平均温度下降的情况进行了总结分析，令人信服。

注释

2.2×10^{13}：根据计算，结果似应为 1.86×10^{12}。——编者注

7×10^{20}：根据计算，结果似应为 5.87×10^{19}。——编者注

和它们的厚度来估计，地壳中岩石的发热量，是不够抵消地球失掉的热量的。那么，只有使用地球固有的热量来代偿不够消耗的数额，或者在地球内部不断发生发热的变化，来补偿消耗，才能保持地球表面的温度，不至于不断下降。换句话说，在地热潜在储量的问题上，要地球“吃老本”，才能保持它的表面温度。这样一来，就会得出到一定的时候，地球会开始趋于衰老的结论。归根到底，地壳就有不断加厚的趋势。

地球表面的热流量 = 地温梯度 × 岩石传热率

地温向下如何增加，决定于近地面的地温梯度和岩石的传热率，而近地面的地温梯度与地表温度有密切的联系，岩石的传热率基本上是不会变的，所以，如若地球表面温度没有显著的变化，地球表面的热流量也不会有显著的变化。然而事实上，地球表面的平均温度有变化，虽然变化不大，但一般认为这种变化，主要是由太阳的辐射热决定的。

①根据上述情况，我们可以说地球是一个庞大的热库，有源源不绝的热流。

地热与地温是有密切关系的。地下的等温面一般不是平面，而是随地区和地带起伏不同，同时等温面之间的间隔也是各处不等。在等温面隆起的地方，间隔较小的地方，可以说是热异常区。这种热异常区的存在，是比较普遍的，但是直到现在还没有开展普遍的调查。在这种热异常区，取出地下储藏的热能是比较容易的。②事实上，我们在钻井中已经遇到大量的热水向外涌出

❶总结归纳

作者运用科学的依据，采用科学的说明方法，得出“地球有源源不绝的热流”的科学结论。

❷举例子

作者列举了生活中确实发生的、无可辩驳的客观事实，有力地证明了自己的观点。

的现象，热水的温度从四五十度到一百多度不等，这样，从地下取出热水并不限于热异常区，在其他必要的地区，也可以同样进行勘测和开发。从地下冒出的热水，往往还含有有用的物质，如若能够有计划地加以调查研究，在适当地点加以开发和综合利用，对祖国的社会主义建设，肯定有很大的好处。同时，在这一方面的工作，我们将会站在世界的最前列。

读书笔记

（本文选自《天文·地质·古生物》第六部分《地壳的概念》。）

燃料的问题

自从人类知道用火以后，维持日常生活最重要的物质，除了食料，恐怕要算燃料。至文化幼稚的时代，所谓燃料者，只是树木草卉；燃料的用途，大部分也不过烧一烧食物。到了物质文明发达的今日，无论燃料的种类或用途，花样可多了。①试想我们日常穿的、用的东西，有多少不是直接或间接靠火力造成的？试想这世界上有多少地方，假使冬天不生火，还可以居住的？从香水、肥皂说到飞机、大炮，我们能举出多少件东西与燃料绝对没有关系？是的，什么叫作物质文明，它简直就是燃料里烧出来的。

❶反问
强调了火力的强大作用。

这一件日常生活的必需物，这一种物质文明的老祖宗，久已成了世界上攘夺的目标、国际政策影射的焦点。②法国人一定要抓住鲁尔可以说完全是为这样东西。日本人拼命掠夺我们的东三省，并且还垂涎山东、山西，一部分的缘故，也在这里。燃料的问题，既是如此的重

❷举例说明
用法国人的例子，突出“必需物”的重要性。

大，我们当此准备建设的时期，当应有充分的考虑。

燃料的种类很多。现今通用的，就形式上说，有固质、液质、气质三项的区别；就实质上说，不过木材、煤炭、煤油三大宗。其余火酒、草、粪（中国北方就有地方烧粪）等类，比较起来，毕竟分量很少，用途也极狭隘。实际上算不算燃料，都没有多大的关系。

现今中国的工业，说好一点，不过刚刚萌芽。所需要的燃料，大部分都是供家常的消耗。所谓家常的消耗，大部分就是烧菜、煮饭、点灯而已。这一类的消耗，看起来是很小的事，然而那无数的穷民，为了这一类的事，已经劳苦万状，有时候竟求之不得。乡下人向来把他们需要的东西，按紧急的程度，分了一个次序，叫作柴米油盐酱醋茶。① 他们偏偏要把柴搁在头一位。这是不是说柴有时候比米还重要呢？除了大荒年的时候，有钱总买得着米，然而在特别的地方，有钱竟买不着柴。米荒有人注意，柴荒从来没有人过问。这种奇怪的习惯，犹之乎有了厨房，不管茅厕一样。

❶疑问

为什么柴排在米的前面？这个问题值得深思。

刚才说在特别的地方有钱买不着柴，其实我们要到乡下去看一看，就知道那样的事情，并不是很特别的。现在全国的矿业还是如此的幼稚，交通又是如此的不便。② 乡下人所用的柴，恐怕 99% 还不只是柴草。一生居住在都市的人们，也许不明白个中的实情，像我们乡下的穷人，才知道什么叫作“一粒的艰难，一草的辛苦”。费了九牛二虎之力，弄出两斗黄米，几升黑面，要是没法烧熟，教我们怎样好吃得下去。

❷分类说明

什么叫作“一粒的艰难，一草的辛苦”？作者为此进行了乡下人、城里人的分类说明，突出了“柴草”燃料的重要性。

然而要救济柴荒，有什么办法？一言以蔽之，曰造森林。请看中国的土地如此之大，荒山荒野如此之多，除了那自生自灭的野草以外，还有什么东西长在山上？这岂不是证明中国人连栽几棵树的能力也没有吗？不错，这几年来，大家都有点觉悟，每逢清明的前后，全国的什么衙门、官署、公共机关，美其名曰植树节，闹得不亦乐乎。究竟植树的成绩在哪里？像这样闹了20年的植树节，恐怕不会有两棵树长成的。

森林的培植，当然不仅仅为了供给燃料。[1]要制造木材原料，要护山陵的崩泻，防止河流的淤塞，造成优美的风景，都非借森林的力量不可。在北方广漠的地方，如果能造成巨大的森林，竟能多少影响雨量，也是说不定的事。

❶举例说明

作者从四个方面突出强调了森林的重要性。

森林的利益，谁都知道，用不着多说闲话。现在的问题是用什么方法大规模地造林。更紧要的问题是，种了树以后，如何培植，如何保护。[2]这自然是政府的责任？否，是政府应该请专家担负的责任。奖励造林，保护森林的法令，固然不可少；怎样造林，造什么林等技术方面的问题，也得及早研究。力大吹不响喇叭，石灰坑里养不活水仙花。不知道土壤的性质，不知道植物的特性，不管害虫的繁殖，不管植物生长的生态。瞎干、蛮干，十年、八十年，也不会得着什么结果。

❷设问

表达了植树造林、培植保护不能瞎干、蛮干的道理。

因为说起家用的燃料，我们便说到森林。其实今天最重要的燃料，还是煤炭和煤油。

现今这个时代，还是煤铁时代。制造物质文明的原动力，最大部分就是出在煤身上。那么，要想看中国工业将来的发展，第一步恐怕就得考虑中国究竟有多少煤存在地下。煤不是能生长的东西，用了就完了。如果我们想保护将来的工业，绝不可把我们大好的煤田，随便糟蹋了。开煤矿是比较简而易举的工业，只要运输上有了办法，不愁它没有市场。所以假使我们要想从工业方面，实施中山先生的民生主义，头一件事，恐怕就免不掉建设铁路，开发几个大的煤田。英国的工业发达史，已经给我们一个很好的例证。

因为中国的矿业，还没有发达；又因为中国的矿产，还没有详细的调查①（近年来，虽然北京地质调查所有了相当的调查结果，大部分的人还不曾知道），一般人还在那里做梦，以为中国“地大物博”，矿产是取之不尽、用之不竭的。实际地讲起来，中国的金属矿产，除了特种的矿物（如锑、钨等类）外，②并不能算丰富，比较美国，那是差多了。唯有煤矿，无论就质的方面说，还是就量的方面说，总算不错。就质的方面说：中国的无烟煤，差不多要占中国总煤量的四分之一，烟煤要占四分之三；就量的方面说：我们现在虽然不能说出一个很精确的数目，然而也曾有人估计一个大概。③据1921年北京地质调查所的报告，各省地下储煤的总量，以一兆吨为单位，大致如下：

直隶	2370
奉天	985
热河	930

❶补充说明

写出了很多人还不知道中国矿产的详细情况。

❷作比较

这里作者运用对比，给中国人敲响了警钟。

❸举例说明

作者通过列举北京地质调查所提供的每个省的数字，来说明中国的煤的产量。颇有说服力，令人信服。

注释

直隶：旧省名，相当于今天的河北省。
奉天：辽宁省的旧称。
热河：旧省名，位于今天河北、辽宁和内蒙古自治区交界地带。

察哈尔、绥远	460
山西	5830
河南	1765
山东	685
安徽	205
江苏	190
江西	815
浙江	12
湖北	13
湖南	1600
四川	1500
陕西	1000
甘肃	1000
黑龙江	160
吉林	160
云南	1200
贵州	1300
福建	150
广西	500
广东	300
总计	23130

读书笔记

读书笔记

以上的估计，未免失之太谨。要是宽一点计算，也许总数可以增一倍，那就是说，中国储煤的总量，打宽一点，大概有4.5万兆吨。平常看起来，这个数目，可

察哈尔、绥远：旧省名，位于中国北方。

算得不小。在工业还没有萌芽的今日的中国，每年消费的煤量不过20兆吨左右，这些煤，已经够我们用几千年。[①] 可是要和美国的总储煤量比较，全中国的储煤量，不过抵当它的四分之一！这是许多人做梦都想不到的事。我们的工业发达起来的时候，煤的消费量自然也要增加。再过两三代人，中国最大的矿产——煤——难免不发生问题。然而发生问题不发生问题，是将来的事。现在的问题，是如何爱惜它，如何利用它。

❶作比较 说明中国的储煤量并不大。

在前表中，我们有几件事应该注意：[②] 北方的煤量，比南方差不多多一倍。山西一省的煤量，差不多要占北方各省总量的三分之一。山西煤最好的出路是青岛。那么，很明白了，为什么日本人要和军阀勾结，侵略山东，觊觎山西。在采煤的当地，比如山西的大同阳泉、河南的六河沟，一吨煤不过值两三元。但在上海、汉口等处，一吨煤有时涨到二三十元，平常也要十几元。[③] 这完全是运输不便的缘故。采煤事业，既然是比较轻而易举的、靠得住的有利的实业，将来铁路的布置，就应该以开发几个主要的煤田为计划中的一件重要的根据。

❷作比较 通过比较，令人对我国北方和南方煤炭存储的比例有了新的理解。

❸引出下文 作者对原因进行了简要精辟的分析，引出下文的解决方案。这正是作者思考缜密之处。

煤的用途很多，里面的副产物都很贵重。假定以前所说的话是对的，假定在我们发展工业的计划中，采煤是应先举办的事业，当此准备建设的时期，我们对于全国的煤，就应该有一番彻底的调查和研究。如果来得及，设立一个专门研究煤的机关，纯粹从科学方面着手，也未尝不可。那样一来，全国各大学、各专门学校一部分的毕业生，还愁没有事干吗？何必要请学化学的去做此事呢？

以上是关于煤方面的话题。摩托发明之后，世界上燃料的需要发生了新花样，摩托需用液质的燃料。航空事业的骤然发展和海军设备更新以后，摩托的总马力数也骤然增加。如是弱小民族所有的油田，又成了国际政治上一个重要的争点。英国人死命地想抓住波斯的巴库，向来不关轻重的加利西亚，现在大家都往那里鼓眼挥拳，就是为了这个玩意儿。

中国的油田，到现在还没有好好地研究。我们只听说陕西的延长和四川的自流井一带，有若干油田或盐油井，但是出量颇不见佳。虽然1914年的时候，美孚油行在陕北的延长肤施中部三县钻了7口3000尺（1尺≈0.33米）以下的深井，然而结果并不甚好，他们花了300万元，干脆地走开了。① 但是美孚的失败，并不能证明中国没有油田可办。就道路的传说，从新疆北部的乌苏、绥来、迪化、塔城一直到甘肃的玉门、敦煌等处都有出油的模样。苏俄近来一再派人到新疆去做“科学的考察”，说出来大大方方，骨子里恐怕是鬼鬼祟祟，为了油矿罢。

❶解释说明

美孚的失败，给当时信息不透明的国人很大的消极影响。作者为此进行了解释说明，体现了民族自尊和自信。

中国西北方出油的希望虽然最大，然而还有许多其他地方并非没有希望。热河据说也有油田，四川的大平原也值得好好地研究，和“四川赤盆”地质上类似的地域也不少，都值得一番考察。不过油田的研究，到一定的步骤，非花一宗大资去钻探不可，在一贫如洗的中

注释

加利西亚：旧地区名，在今天的波兰境内，石油资源丰富，历史上长期为俄国、奥地利所争夺。

绥来：旧县名，今玛纳斯县。

国，现在要像美孚那样，花掉两三百万不算一回事，恐怕没有一家私人的营业敢说那一句话。那么，这种事业，只好用国家的力量去干。

有一种石头，名叫油页岩。这种石头，经过破坏蒸馏以后，也可取出一些油质。现今世界上因为煤油的需要很大，而攒油的供给有限，有若干地方已经开采这种油页岩，拉它来蒸馏。日本人在抚顺现在就是用他们海军的力量去干这件事。中国其他的地方，是不是出产此种岩石，这是要请教中国地质学家的。

总而言之，燃料的问题，无论在日常生计上，还是大规模的工业上，都是再紧要不过的问题。我们不说建设就罢了，要讲到建设，对于这一件劈头的问题，马上就得想法子解决。①到了世界上的煤和煤油用尽了的时候，科学家也许会利用原子以内的能力，也许会直接利用太阳的热能，也许有其他的方法代替燃料。不过在现在这个时期，在今日的中国，说那一类的话，还早着呢。

（本文选自1928年《现代评论》第7卷，第173期。）

❶总结

说明了作者对未来能源的期盼的心情，也体现了作者要立足当下的严谨的科学态度。

大地构造与石油沉积

自从苏联古布金（Gubkin）院士把石油地质科学发展成为一个专门科学之后，我们对于石油地质的研究，就高度专业化了。②我在这方面研究较少，今天我的发言，只能够从一般地质构造观点提出一些有关问题，希望这些问题的提出，对我们的石油勘探远景计划，有些帮助。

❷解释说明

“研究较少”“一些有关问题”等词句，体现了作者自谦的特点和品格。

注释

油页岩：含可燃有机质的高灰分沉积岩。

大家知道，我对大地构造是有些特殊的看法的，因此我要求专家和同志们给我一些耐心。

现在在提具体问题以前，我先提出两点，这两点对我们的石油勘探工作的方向，是有比较重要的关系的。

第一，是沉积条件；第二，是构造条件。这两点当然不是彼此孤立的，而是相互联系的。为了方便起见，我把这两点分开来谈。

首先，大家知道，对于石油生成的沉积条件，最重要的是需要一个比较长的时期，同时不是太深也不是太浅的地槽区域，便于继续进行沉积和增大转变为石油的机会。因为需要不太深也不太浅的条件，所以我们要找大地槽的边缘地带和比较深的大陆盆地。对这些地域的周围，同时还要求比较适当的气候——适当的温度和湿度，以便利有机物的生长。这种气候的存在和动植物的生长，是可以从有机物质在岩层中，如化石的多少，表现出来的；如由煤、油页岩等表示出来，就是说从岩层中所含的有机物的多少，可以看出沉积的情况。以上是关于第一点的概略说明。

读书笔记

其次，构造条件方面，应该从三方面考虑：①大型构造，如盆地、台地、地槽；②中型构造，如断层、节理、片理、小的断层和结构面等；③更小的构造，如颗粒的排列方式、孔隙存在的情况，包括用光学和其他适当的方法来检定岩石颗粒排列的方向——[1] 这是属于岩组学的领域，从这一方面得出的结果，往往对阐明流质在岩层中运动的方向有很大的帮助。这三方面的研究，是不应该孤立的，而是应该相辅相成的。

（本文刊于 1955 年《石油地质》第 16 期。）

❶解释说明

对“用光学和其他适当的方法来检定岩石颗粒排列的方向”的作用进行了解释说明。

现代繁华与炭

一、欧美“文化”的曲子

诸位同学，前天有几个朋友邀我到这里来讲演。我一想，这倒是极有趣味，也是极不容易的一件事。我有什么把握，可以在诸位面前大言不惭地讲经说法？今天时候不多，本不容说闲话。但是我们看世界上有许多人往往把世界上的事平常看过。甚至讲到学术，大家也就不知不觉守一种人云亦云的态度。人类进步甚慢的大原因，恐怕就在这里。我们倘若想脱离这种积习，这种束缚，不可不先存一种气概。诸位苦心志、劳筋骨，到欧洲来求学，自然是抱着一种气概，令人佩服的。但是我所说的气概，与这个意义有点不同。①我的用意，是要我们互相勉励，互相警诫，凡遇着新境象、新学说，切不可为它所支配，为它所奴隶。我们还要分析它，看它究竟是怎么一回事。既到学术场中，心只管细，胆只管大，拿着主脑（思想的法则——Logic），就是那纷繁错乱的世界，天经地义的学说，都不能吓倒我们。从前在中国有人问孔，就斥为异端。现在讲学，没有这回事情，诸位尽可放心。虽然这样，我们万不可故意与人家辩驳，与人家捣乱；或者逞一己的偏见，固执自豪；或者好作奇谈，沽名钓誉。那种狂谬的行为，非独不是勇猛精进的正道，而实在是一种精神病，已远出自由讲学的正轨。②真正讲学的精神，大概用一句话可以包括，那就是为真理奋斗。

我方才含糊地说了新境象三个字。什么叫作新境

❶解释说明

什么是作者所说的气概呢？作者为之进行了鞭辟入里、精辟独到的解释说明。

❷概括

作者对“真正讲学的精神”进行了深刻的概括——“为真理奋斗”。和上文提到的“捣乱”“沽名钓誉”“精神病”等形成了鲜明对比。

象？从实地看来，我们现在所处的境遇，可算得是一个新境象。这境象与我们朝夕不离。所以我们切不可为它所蒙昧，我们应该冷眼观察它，并且详细地分析它。我曾听得许多人讲，我们中国人初到欧洲的时期，大概不免为这边的“物质文明”所牵动。中国人大半都说中国所缺的也就是这个“物质文明”。然而什么叫作文明？什么东西为造成这种“物质文明”最紧要的原料？今天我原来是想同诸位讨论第二个问题，但是第二个问题牵涉第一个。所以对于第一个问题也不能不约略地讲几句。

诸位都知道“物质文明”这四个字，在中国是一个新名词。讲点新学的人没有几个不把它当作一个口头禅用。至若说到这个名词所包括的东西，我想没有两个人意见完全相同。[1]倘若一定要追求它的意义，大家不过糊糊涂涂地说那轮船、火车、飞机、大炮之类，就是“物质文明”的器具。这些器具动起来的时候，就成了一种“物质文明”的表现。我想一般欧美人对于“物质文明”的观念也不过如是。或者有人要把人类社会的许多机关也加在“物质文明”里去。是否得当，我都不敢说。这样看来，“物质文明”这个名词，并没有一个一定不易的定义。

再进一层着想，物质两个字，是对应精神两个字说的。既说有物质文明，当然可说有精神文明。然则精神文明与物质文明的区别若何？有人说一切性情及意识的活动，都属于精神界，故感情及思想上的产物，如乐谱、著述之类，皆为精神文明的表现。[2]试问这样情意的活动，能否超脱物质？又试问种种物质的东西及其活

❶举例子

说明大多数人对“物质文明”不理解。

❷设问修辞

作者连用两个“试问”和两个“能否”，对“感情及思想上的产物皆为精神文明的表现”的观点进行了更深一层的质疑，体现了科学家的严谨态度和质疑精神。

动，能否脱离无影无形的自然法则及生物的意识？我现在任怎样想，想不出一种绝对的是精神上的东西，并想不出一种绝对的是物质上的东西。

物理学家都认为宇宙之间，无处不有一种弹性完全的东西，名叫“以太”（Aether）。某物理学家讲可见的物质，是以太中发生的不可见的事故。不可见的以太，倒是实在的一种东西，这是纯粹物理学上的问题。我们今天就是想讨论，也绝讨论不了的。现在姑勿论物质究竟为何，精神物质两元（Dualism）的设想，总有许多地方想不通的。① 我们既不能决定精神的东西与物质的东西是否不即不离，又不敢遽然说它们是一种东西的两个面子，所以无由区别精神的文明与物质的文明。

说到文明，诸位还要许我讲几句闲话。我们初到巴黎来看这里的房子如此之大而且华丽，街道如此之宽而且清洁；天上飞的，地下跑的，瞬息万变，我们就吃了一惊。到了休息的日期，那大街上人山人海，衣冠文物，一齐都摆出来了，我们又吃了一惊。不独惊讶，而且心里不知不觉生出一种钦慕之感，以为欧洲的文化实在比中国胜多了。过了几天，也觉得没有什么了不得的，以为欧洲的文明，不过如是。这两种感想，都有一点道理，但都是极粗浅浮泛的。仔细一想，就知道他们的文化的根源，另在一个地方。在什么地方？在他们的脑袋里。② 他们尊重逻辑（Logic），严守秩序，勇于对人对物的组织等情形，比起中国那无法无天、混闹一

❶叙述

作者运用逻辑方法阐述了两者之间的关系，体现了作者严谨的态度。

❷作比较

通过中西对比，作者指出，欧洲的“物质文明”是植根于他们的脑袋里的。

注释

遽（jù）然：骤然，突然。

顿，是有点不同，是文明些。如此说来，与其称现代欧美的文化为“物质文明”，不若称之为“广义机械的文明”。至若由这种抽象的机械所生的种种现象，如各样的建造以及各种熙熙攘攘的情形，最好是另用一个名词代表，我想无妨称它为“繁华”。

我原来想把今天讨论的题目叫作“物质文明与炭”，但是因为如前所述“物质文明”四个字的意义暧昧，所以不得已将题目改为“现代繁华与炭”。文明不文明，与我们今天没有关系。繁者对简而言，华者对实而言。由简趋繁，由实至华，仿佛是自然的趋势。枝节虽多，根本却是没有极大的变更。①譬如有树，一入冬天，就枝叶零落，状如枯槁；但是春夏再至，茂盛蓬勃，又如去年，是可见树木繁华的状态，是一种生生不息的势力的表现。每遇有适宜的机会，如气候温和、肥料充足等条件，它就发泄出来了，条件不对，它又收藏如故。

❶举例说明

作者列举了树的荣枯，说明了万变不离其宗，其根本不会明显变化这一观点。

然而什么是助长现今人类繁华最有利的条件？人类用种种方法以谋繁华，正如那草木常具生生不息的势力时时刻刻要求发展，这是人类自己的事，草木自己的事。如若外面的机缘不适，情形不对，任它们怎样想发展也是发不出来、展不出来的。我方才说要同诸位讨论什么东西为造成“物质文明”最紧要的原料，倒不如说什么东西是现代繁华的最大的凭借。这个东西就是我们大家都知道的天然势力。天然势力的种类虽多，但是可以供人类役使的，至今我们只知有流行不已的热势力。人类所用的其余各样的天然势力，大概都是由热势力换来的。热势力为人类所做的事，实在不少。广而言之，

读书笔记

如若没有热势力流行，地球上今天恐怕没有这种种生物，自然连人类也没有。但是与我们现在的问题相关的，并不是那广大无边的热势力，乃是集注于一地的热势力。在一定的地方集注的热势力愈大，它发展出来的时候，情形愈是激烈。所以人类活动的程度，造出的繁华，当然是与他所操纵的热势力集中的程度成比例的。我们现在可以举出几件事实，大家就知道我们现在的生活，与这种集中的热势力是如何密切联系的。

①试问我们这一座房子是什么东西造成的？最紧要的材料就是砖、瓦、木料、玻璃等项。砖、瓦、玻璃都是用火烧成的，木料是直接犹如火一般的太阳送来的光线养成的。然则没有如是的激烈热势力，我们这个房子就住不成了。诸位同我是如何到这里来的？坐轮船、坐火车、坐电车来的。轮船、火车、电车如何能动？因为有一架或几架中央的热机关。我这一件衣服的原料是如何做成的？是机器织成的。机器因为什么旋转？我想后面必有一架热机推它。所以我们如若不会用或不能用集中的天然热势力，今天这回事恐怕不会发生。请诸位再到巴黎繁华场中看看，无论是事还是物恐怕没有几件不是直接或间接由热力造出来的。然则这样激烈的热力是由什么地方来的？极小一部分由煤油发生的，大部分是由煤炭发生的。

②现在我们就要问世界上的煤炭是不是有限的？是不是可以生长的？若是有限，若是不能生长，到了世界煤炭用完了那个时期，或者就是有也极不容易开采的那个时期，我们是不是可以发现一种势力的储蓄物或一种

❶设问

作者从日常生活中最常见的房子入手，一步一步引导大家去认识热势力与生活密不可分这个客观事实。

❷疑问

通过连续发问，旨在提出需要一种新的能源来代替煤炭，从而引出后面的话题。

势力的渊源来代替煤炭？这些问题就是我们今天的问题。

至若煤油有限极了，由地质学上考究起来，我们确知世界上的煤油远不及煤炭多。所以最要紧的问题还是在煤炭，不在煤油。现在内燃热机日盛一日。到了没有煤炭的日子，煤油一定早没有了。[1]英国地质学家拉姆齐（Ramsay）早已警告英国人，他说如若英国每年消费煤炭的量将来不减，不过二三百年，英国三岛就没有炭可挖了。英国地下所藏的煤炭渐渐减少，工业渐渐困难的问题，杰文斯（W.S.Jevons）早已论过。岂独英国为然，哪一个所谓文明的国度不是用许多人拼命地挖炭，只有中国还有许多煤厂，不独没有用新法开采，并且没有一个详细的调查。所以我想今天借这个机会，把中国煤厂分布的情形，就我所知道的约略一述。

❶举例子

为了进一步说明煤炭资源的日渐萎缩对人类文明的影响，作者举了这个事例，增强了文章的说服力。

二、中国煤厂分布的情形

说到地下煤层分布的情形，我们已经侵入地质学的范围。诸位中有没有学过地质学的？所以现在最好是先把地壳构成的情况略谈一谈。为什么不说地球而说地壳？因为关于地球结壳以前的历史，我们还没有确当不易的知识。康德早已说到这个问题但不完备。自法国著名的天文家拉普拉斯以星云之说解释太阳系的由来以来，种种关于地球的由来的学说，逐渐演出。论到枝枝节节，虽是众口纷纷，莫衷一是，而关于大概的情形，大家的意见似乎相同。地球的初期无所谓球，大约是一团气汁。历时既久，这气汁自然地渐渐冷缩。它的表面结成硬壳，高低不平。壳上的空气中所含的气渐凝为水，于是海陆划分，于是种种地质学上的现象发生。地

读书笔记

质学上所讲的地球史，顶古也不过是从那时候起。

“地质学上的现象”这几个字非常令人费解。[①]我们都知道那做文章的人常用“坚如磐石”“安如泰山”等成句，意若那磐石、泰山是千古不变的。这个观念，根本地错了。仔细考察起来，我们就知道有许多天然的力来毁坏它们，来推移它们。它们朝夕受冰霜凝解、热度变更的影响，渐渐疏解；又受种种化学的作用，渐渐腐坏；加以风雨的摧残，河流的冲击，无一时不受剥蚀，无一时不经历变迁，何安之有？那些已经破坏的岩石，或为块砾，或为砂泥，散在地面。久而久之，都为雨水河流携到湖海里去，一层一层地停积起来。据种种考察，现今海底停积物的成分粗细，与其所停积的地方有关系。在海滨停积的东西，大概砂砾居多，离海滨愈远，砂砾愈少，泥质愈多。而在大洋底的停积物，往往为石灰质或矽质。这种石灰质或矽质，大都是海中的生物（有孔虫类、放射虫、硅藻等）的遗骸造成的。这样看来，地表变迁的现象可分三项：曰剥蚀，曰转运，曰停积。陆地常遭剥蚀、潮流河流或风力专司转运，海底常主停积，这三项现象，自然是有连带的关系。

还有许多现象是由地里发生的，最明显的就是火山爆发、地震、地裂等事。这些剧烈的现象，是人人都知道的，更有缓慢的现象不容易观察。[②]比方，在海滨往往有古代人工所造的泊船码头，今日远出海面；又时有森林的遗迹，今日淹没于海湾。此类的事实，不一而足。这种

①举例说明

作者由两个成语开始话题，引人入胜。

读书笔记

②疑问

“人工所造的泊船码头远出海面”“森林遗迹淹没于海湾”，这些现象背后折射出来的自然力和规律，令人敬畏。

注释

矽质：矽是化学元素“硅”的旧称。矽质指硅的化合物。

事实何以发生？诸位想想。那自然是因为海面与陆地做一种相差的运动，或是不一致的运动。我们有许多另外的凭据证明这些变迁并不是因为海面的升降，然则必是因为陆地的起跌，所以我们知道这个地皮是动摇不定的。只因动得极慢，所以人都不知不觉。是的啊！就是我们现在的地方，自地球上有生物以来，不知道已经沧桑几变。

以上所说的各种现象，都落在地质学的范围里，都是经了许多的经验、许多的观察分别出来的，既非想象，又非学说，主使这些现象的力，现在就在运行。我们既知道这些现象的原原本本，再来由已知求未知，就现在推过去。这当然是考究地球历史的一个正当方法。[①] 但是过去的现象已经过去，我们有什么路径去寻它？我们因为能通一国的文字，所以能读一国的历史书。由那历史书上的种种记录，就得以知道那一国的历史。这件事含着两个紧要的条件：①先要得一部历史书；②那历史书中一页一页的图画文字要我们能懂得。现在我们已经有了一部大书，专写地球自结壳以来的历史。那书是什么？就是地壳。关于第一个条件，我们是已经满足了。但是说到第二个条件，就有种种的难题发生。地质学家关于地球的历史争来争去，说来说去，总离不了这些难题。想解决这些难题，我们不能不借用各种科学公共的根本法则。那就是相似的原因必发生相似的结果，时与地没有关系。这个大法则，可算得是科学家的上帝。假使我们把现今地面各处发生的地质或天文学上的现象搜集起来，连贯起来，我们就不难定夺某某原因产生某某结果。[②] 北方冰川经过的地方（因），常有带痕

读书笔记

❶打比方

将地壳比为历史书，十分形象地说明了我们为什么要研究地壳。

❷举例子

旨在说明这些变迁现象背后是有规律可循的。

迹的岩石（果）；河流经过的地方（因），常遗砂砾之类（果）；火山爆发的地方（因），常有喷出的岩片、岩灰或岩流等物（果）；气候炎热的地方（因），往往生长特别的动物、植物，如鳄龟、椰子之类（果）。过去地面及地壳里的种种变迁，也留下种种结果。变迁的情形现在虽不可见，而变迁的结果至少有一部分，幸而存在天然的博物馆中，记在天然的地质历史书中。如若前说的科学根本法则有效，我们应该可以准确推断现在因果相循之规律，按过去地面及地壳里所生长出种种结果的次序，追求过去地质现象继续的情形。如陵谷的变迁、海陆的转移、气候寒暑的更迭等事，都在能研究的范围以内。过去地面及地壳里所生出的种种结果是什么？那就是各样各层的岩石。这些岩石一层一层地倒在我们的脚下，正如那历史书一页一页地摆在我们的面前。

读书笔记

岩石可概分为三种：一曰递积层，亦曰水成岩。①这项岩石，是由粉细或块粒的物质一层一层地结合而成的。依其结构成分，定出种种名目，如石灰质的名叫石灰岩，与今日大洋里的停积物类似。泥质而能分成薄层的名叫页岩，由砂砾固结而成的名曰砂岩、砾岩，这些与今日的浅海或浅水里的停积物相似。二曰凝结岩，亦名火成岩。这项岩石，大半都是由大小的晶片凑合而成的。与今日火山里喷出的岩流及冶炼炉中所出的渣子相类似，大概是极热的岩汁因冷却凝结而成的。三曰变形岩，前两项的岩石，有时一部分或全部变其原来的面目。如递积岩与火成岩相接之处往往呈结晶之象；又如地球上有许多极古的岩石，其结构往往错杂不堪。时带

①解释说明

使读者对水成岩这种岩石有了大致的了解，形成了初步的概念性印象。

条纹，仿佛是曾历大热或巨压。最有趣的就是那第一层岩石中，常有生物的遗痕、遗像或化石。地质学家统称这样的东西为化石（fossil）。比方现在我们由巴黎这个地方挖下去，在接近表面的地层中所发现的化石，有许多种族还生存于今日的海中。愈到下面的地层中，奇形怪状的生物遗像愈多，与现今世界上生存的生物相似的愈少。据这种生物群变更的情形及地层构造的情形，地质学家把地壳的历史分作若干段。[1] 中国的历史中有三皇五帝、秦朝、汉朝、唐朝、明朝等时代的名目，地质历史中亦有许多时代的名目，这些名目之中有许多是全世界所公用的。现在我按着这些时代新古的次序，从上至下把它们的名目列举出来。

❶类比……说明地质历史也是有时代新古次序的，令人耳目一新。

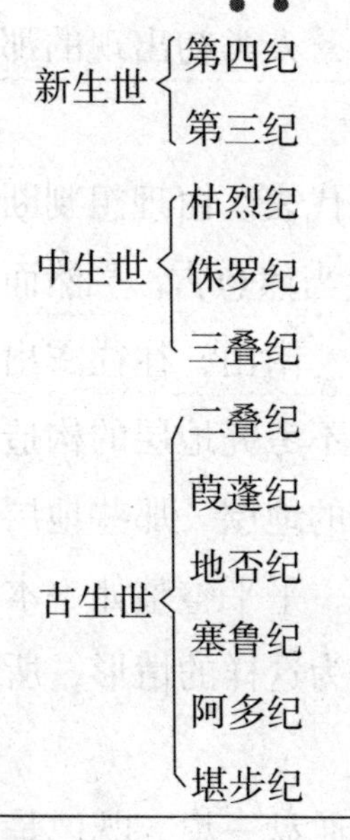

读书笔记

注释

[1] 此处列举的时代名目与现在的叫法有所不同。世今译代，因此新生世、中生世、古生世分别今译为新生代、中生代、古生代。枯烈纪，今译白垩纪。葭蓬纪，今译石炭纪。地否纪，今译泥盆纪。塞鲁纪，今译志留纪。阿多纪，今译奥陶纪。堪步纪，今译寒武纪。

自有地球以来，不知经过了几万万年。我们现在确实知道的有两件要紧的事。

第一是以前所列举的时纪都是很长很古的。就生物的变迁一端着想，我们就知道这句话是不错的。在堪步纪以前的岩层中，世界各地除北美洲几处外，迄今未曾发现确实无疑的化石。到了堪步纪的时候，各项海洋生物“忽然”繁殖。到塞鲁纪的末叶，①最初的脊椎动物——鱼类始行出现。在二叠纪的时候，鸟类乃生。在中生世两栖类颇盛。在第三纪哺乳类散布全球。那哺乳类中最进步的猴类头脑渐渐进化，到了第三纪的末叶第四纪的初期，真正的人类——人科（Hominidae）才出现，在人类历史学家看来，古石期（Paléolithique）已经古不堪言。②而在地质学家看来，人类初出现的那个时期，是最新最近的，如昨天一般。

第二是每一纪有一段岩层为之代表。由理想判断，那些岩层，层位愈下的所属的时代当然愈古。③然而何以高山之巅，如中国的泰山、秦岭、南山，往往露出极古的岩石？谈到这个问题我们不能不考究地层的构造。诸位在山边海岸，想必曾见过露出的地层。那些地层，多半不是皱了褶了，就是断了裂了，平平整整如一本书一页一页排列下去的是很少的。因为这样的情形，所以在实地勘察地质有许多难处。

现在我们把以前所说的话再来通盘一想，既说是一处的地层，可分作几段，各段中所含的生物的遗像及各段岩层的性质，往往绝不相同。然则这样的变迁是如何使然的？从前有一派学者说，这是因为过去的时代地面

❶解释说明

如果不是阅读到这儿，我们还真的不清楚原来“鱼类”竟然是地球上最早的“脊椎动物”。

❷叙述

突出了地质研究的特殊性。

❸反问

这个问题颇为新颖，引人入胜，吸引读者继续深入阅读下去。

经了几次剧变，如洪水滔天之类，把当时的生物都扑灭了，好像中国每朝的末期，必定发生许多流贼杀人放火的事件。自英国查尔斯·莱伊尔倡“匀和之说”以来，大多数的地质学者都认为剧变之说欠妥，匀和之说较为得当。匀和之说曰：过去各时代的地质变迁，大都是渐渐的，并不是猝然的。过去地壳上变更的情形与现今我们所目睹的情形，无论就种类而论，或程度而论，大概没有许多不同的地方，这样的说法，有很多事实为之证明，但是也有一个限制。比方肇生世的时候与现今比较，到底异同若何，实在是一个悬案，在肇生世以前更不待言。

地质学上的种种根本问题既已约略地点缀，现在可以上题说煤炭了。由岩石学上看，[1]煤炭是一种递积岩。因为它一层一层地夹在砂岩、页岩或石灰岩之中，就其构造而论，与其余的递积岩并没有大分别，其造成的原料是由古代植物来的。地球上各处的气候时时变更。各种植物每逢宜其生长的机会，它们就生长。气候愈适（如热湿等情）生长愈盛且愈速。[2]那些植物之中，自然有一部分还未到完全腐烂分解以前，被河流洗到湖沼海湾，埋没于泥砂之中。久而久之，全体碳化，成了我们今天所用的煤炭。有许多人以为煤炭在地下愈久，其质愈变纯净，这个观念是不对的。因为煤炭的成分大约是依原来的植物的种类为转移，比方烟煤永世不会变成无烟煤。照这样看来，我们敢断言两件事：第一是地下的煤炭绝不能生长，也绝不会变更；第二是煤炭的生成需特别的气候、特别的情形，并需极长的时期。

读书笔记

❶解释说明

煤炭到底是什么？其成分到底有哪些？和其余的递积岩相比到底如何？这段话使得我们对煤炭成分的构成有了大致的了解。

❷解释说明

黑乎乎的煤炭到底是如何形成的？作者运用通俗易懂的语言进行了形象化的阐述。

即令现在有生煤的机会、生煤的地方，待煤成了的日子，不知人类已经变成了一种什么怪物。

读书笔记

在中国共有五个地质时代造了煤炭，最古的为“地否纪”，属于这个时代的煤层很少。据莫诺说，他曾在贵州西南方的兴义县附近见过。据我看来，莫诺所获的化石，还不足以确定时代。所以他所说的地否纪煤层究竟是不是属地否纪还待考究。其次为多煤纪，这一纪前后所造的煤比其余各纪都多，世界各处的煤层也以这一纪所造的为最多。中国北方的煤炭除辽河流域附近，山西大同、直隶斋堂等地外大都属于此纪；扬子江中游，下游各省以及浙江、福建、广东各处所出的煤，一大部分是属于此纪的。然后是三叠纪。川东、云贵所出的煤多属于此纪。再次为侏罗纪。属于此纪的煤层见于大同、斋堂、四川及扬子江中下游数处。最后的造煤时代为第三纪。第三纪的煤炭仅见于东三省及云南蒙自等处。[1]东北那有名的抚顺煤矿，就是最好的一个代表。

[1]举例子 作者列举了东北大名鼎鼎的抚顺煤矿作为例证，增强了文章的说服力。

中国各省的煤矿，迄今还没有完全地调查。我们现在所知道的大都是由外国的矿业杂志或外国人在中国的地质调查记里得来的。以下所说的中国煤矿分配的情形，未免近于东鳞西爪，七零八落。数年前中国地质调查所的丁文江已着手调查。我们希望丁君不久就把他调查的结果详细地报告出来……

三、将来利用天然势力的机会

这个题目太大，绝不是一口气可以说完的。现代的科学还在幼稚时代，对于这个问题并没有一个落实的解决，所以我们在此所讨论的难免举一废百。就所举的方法，究竟有多少价值，还是疑问。这也不必管它，因为我们今天的目的并不是求几个完全的解决。我们的目的，第一是要使大家知道这个问题有研究的必要，第二有些什么路径可以研究下去。

地球上流行的天然势力，就我们现在所知道的，从其由来着想，可分作几项：[1] ①源于天体的运转者；②源于原子的爆裂者；③由太阳送来的势力。这三项之中，似以第三项为最关紧要。

❶解释说明

地球上能量大得吓人的自然力到底是什么？作者进行了分类，强调太阳对于地球的重要性。

先说第一项。地球每自转一周，海洋各处对于月球的地位，时时刻刻不同。每公转一周，对于太阳的地位，又时时刻刻不同。所以同一处的海水受日月的引力，时时不等，潮汐由是而生。但是月球距地球较太阳距地球近多了，引力的强弱是与两个物体相隔的距离的自乘成反比例的。所以潮汐的起落，与各处对于月球之地位相关较著。一年之中，有时月球引力之方向与太阳引力之方向相同，那个时候，潮汐起落之差最大。春潮之所以发生，就是因为那个道理。关于潮汐的起落，有一件事，往往为人所误解。那就是许多人都以为仅仅地球距月球最近的那一面的海水，被月球吸起所以潮汐上升。殊不知正与月球反对的那一面也有潮汐上升。这是什么道理？要追究这个道理，我们不能不追究引力的法则。大家都知道两个物体间引力的强弱是与两个物体的质量成正比例，与其间之距离之自乘成反比例。

读书笔记

注释

举一废百：提出一点，废弃许多。指认识片面。

地球之各部分对于月球之地位不同，那就是两者之间距离不同。距离既不同，所以各部分所受之引力强弱不同。[1] 离月球愈远的部分，它所受的引力愈小。所以假若地球全体是水做成的，那个地球受了月球的引力，必然变成一个椭球。那个椭球的长轴，必然与月球所在之方向大概一致。但地球的全体并不是水做成的。陆地虽受月球的引力，却是昂然不拔。而海水为液体，不得不应月球所在之方向，流来流去，所以潮汐之往来在海陆相接之地最显著。

❶解释说明

地球各个部分由于与月球距离不相等，所以受到月球引力的影响也就出现强弱不同的情况。

潮汐之流动，就是一种动势力（Kinetic Energy）的表现。[2] 倘若在海峡、海滨用适当的方法，设相宜的机关，这种潮流的势力，未始不可收拾、储蓄，供人类的役使。这个机会，是略有一点科学知识的人都知道的。但是还没有一个实行的计划。这种研究，自然应落在水力工程学及土木工程学的范围里。

❷解释说明

潮汐的流动，就是一种动能。对于这种自然的、无污染的天然巨大能源，只要水力工程师和土木工程师设法钻研，它会有很大作用的。

再说第二项。化学家经过了许多的试验，证明一切物质是由分子集合而成的。每一个分子，是由一种或数种原子以一定的数目，依一定的配置相依而成的。寻常所谓的化学变化，都不影响原子的构造。所以从化学上看来，原子可算得是不可复分的东西。但是近来物理化学家又发现了一种新物质以及与那种新物质相联的许多新现象。现今世界上的物理学家仿佛是以全力来攻这个新题目。我们应该知道一个大概。

诸位想必知道各种物质之中，有一种能传电，亦有一种不能传电，[3] 比方五金之类以及许多的含盐类的液质都能传电；而玻璃、木料、寻常的干空气之类都不能传

❸举例子

说明有些物质能传电，有些物质不能传电。

电。假使我们现在取一玻璃管（比方长一尺径一寸），管的两端紧闭，空气不能自由出入。再嵌一金类之小板于管之一端内，又嵌一金类之导线于他端内。试使小板之端与高压电机（如感应电机之类）之阴极、其他端与阳极联络，管中必无何等现象可睹。如若设法将管中的空气抽去一大部分，使管中余剩的气极为稀薄，再将高压的电流联络于管的两端，那时候的情形便不同了。由阴极的小板发出一种紫色的“光线”，其前进之路与板面成直角。如有固体硬塞于那紫色光的路中，那固体就显种种的光彩，并发大热。①有名的X光线，就是这个阴极发射出来的东西途中碰着白金板而反射出来的光线。由阴极发射出来的东西并且显机械的作用。譬如置极轻之叶轮于管中，②那叶轮就要被它冲动而旋转，如水冲水车、风推风车一般。最值得注意的，那就是阴极发射线受磁力的影响。如若横置磁石于发射线之旁，那发射线就变弯了，与阴电流受了磁场的影响所生的结果相同。发射线又能透过极薄之铝叶，足见得它并不是光线。就前面说的种种性质看来，我们不能不疑它是一点一点带阴电的物质，以极大的速率由阴极射出来的。这个情形倘若是真的，我们不难用一种方法，求出那种带阴电的物质的质量与其所带之电量之比，以及其射出之速率等项。

诸位，我们所要讨论的问题是势力的问题。我方才为什么冤枉地说了一顿原子的构造？这里有点缘由，并非单是因为那发射的势力是由原子以内发泄出来的，所以原子构造的问题与我们的问题有关系。实在是因为电子之说，无机物进化之说，近年来风动一时，我们中

❶举例子

作者举X光线的例子，加深了读者对文章内容的理解。

❷类比

为了生动形象地说清楚极轻的叶轮在试管中旋转的形态，作者将两者的形态进行了类比，使读者一目了然。

国的“旧派”对于一切新学说、新理想的态度就是屏诸四夷，不闻不问。而所谓治新学者，往往为好奇心所鼓动，看着新东西就要说，听着新学说就相信，似乎未免近于率尔。所以我现在勉强说了几项紧要的事实以示那极玄妙的电子说是由极寻常的事实推出来的，最要紧的还是事实。那电子说成不成，还要待我们仔细地分析，什么为本，什么为末，万万不可弄错。

读书笔记

第三项可分作三个细目说：

（1）由太阳的热所生的动势力，河流与气流都是这种势力的表现。[①] 地面的水受太阳的热，变为蒸汽，汽腾于空中，减其热度，变为雨雪，落在地面的高处，受地球的引力，不能停留，于是河流发生。所以地面各处的河流可视为天然热机的一部分。在中国河流甚激的地方，古代已有人建设水车，利用此项势力以灌溉田地，但利用之方未曾十分进步。在欧美利用水力之地也极多，以美国的尼亚加拉（Niagara）及挪威等处最为著名。近闻瑞士也有大举利用水力转运电车的计划。中国高山大川不少，可设水力机关的地方必定很多。研究机械工程的人，正宜留心这个题目。

❶解释说明

写出了河流形成的经过。

空气的压力随时随地不匀。[②] 高压的气当然常往低压的地方走，所以生风。气压变更的原因极其复杂。我们今天没有工夫讨论。我们应知道的，第一是使空气流动的势力是由太阳来的，第二是风的势力可用风车等项机器弄到人类的手里来。但是风力时有时无，时强时弱，那是在人工操纵的范围以外。

❷解释说明

写出了风形成的原因。

（2）直接由太阳送来的热势力。由太阳送至地球的光热，一部分为空气所吸收，增其热度；一部分直达于地面。现今在热带的地方，如开罗（Cairo）附近，已有热机，直接利用太阳传来的热。[1]用一架甚大的凹镜先集收太阳传来的热力于一处（即凹镜之焦点），再用那集中的热力运转寻常的热机，如汽机之类。此项直接用太阳的热的热机，尚在极幼稚的时代。从机械工程学上来看，还有许多研究的余地。

❶解释说明

写出了开罗利用太阳能，造福人类的过程。

以上所说的各项势力，除第二项（即原子以内的势力）外，其流行也，或囿于地，或厄于时。欲其应人类随地随时之需，不能不想出各种方法来储蓄它，来收敛它，使它易于运搬，易于对付。[2]我们现今已发明许多收敛、储蓄势力的方法。那些方法可分为两类：第一类根据物质电离电合之性。蓄电池就是这类的东西。蓄电池中之物质，受外来电流之影响而生一种化学的变化。若撤去外来的电流，联络其两极，蓄电池就吐出电流，其中的物质渐变还原样。第二类根据热化学的原则。比方有两种物质化合而成第三种物质，倘若其化合时吸收若干热量，其分解成原来的两种物质时，亦必吐出相等的热量，以人工造燃料的原理就在这里。将来制造燃料的方法进步，或者与碳化钙相类的东西渐渐就要出现。那些东西，就可借太阳直接送来的热势力，或风势力，或水势力造出来。换言之，我们就可把那厄于时、囿于地的自然势力抓在手里，随我们的意思去分配它。

❷分类别

作者把目前人类收集、储蓄电能的方法进行了归纳总结。

读书笔记

（3）缘生物所积收的热势力。寻常的动植物，大都是离了太阳的光热就不能生活。[3]那畏阳光的生物，如许多微菌之类，也要借种种有机的物质才能生活。那

❸解释说明

写出了阳光对地球上的生物的影响。

些有机的物质，大概是由受阳光而生长的动植物里出来的。就是那深洋底的生物，虽直接受阳光的影响很少，但是我们没有凭据说它们的生活不间接受太阳的影响。地球上各种生物的生命，究竟与太阳里送来的势力有如何的关系，原来是一个很大的问题，现在姑且勿论。就我们日常的观察判断，太阳的光热与动植物的生命似乎有极密切的关系。所以我现在权且把缘生物所积收的热势力，也列在第三项势力的渊源里。

各种天然势力的储蓄物中，最先为人类所抓着的，不能说是现代生存的各种植物。不分其种类，不分其成分，拿着就烧，那是利用这种势力储蓄物的最粗陋的方法。进一步，就是把植物的躯干变成木炭。木炭燃烧时所发出的热，自然是比等量的木材燃烧时，所发出的热量较大而力较强。再进一步就是用破坏蒸馏法，由木材里分出种种有用的东西。木材的成分随其种类不同，还有许多有用的东西，我们现在不必计较。与我们现在的问题最有关系的就是木炭与酒精。大抵软质的木料多含胶质而少酒精，硬质的木料与之相反。现今制造家蒸馏木材的目的，大半不在取木炭而在取其余的副产物如酒精、醋质之类。

低洼之地，往往有腐烂的植物，如藓苔之属，与泥砂等质停积于一处而成泥炭。湖沼之中往往有微生物，其体虽小而其生长繁殖异常之快。硅藻科（Diatomaceae）等族是这类生物中最可注意的。由海底、河底、湖底挖起来的泥土中，有时含一种物质（植物固醇，Phytosterol），与煤油相似。那种物质，或者是由前面说的那一类的微生物酝酿出来的。① 倘若生物化学家再详

读书笔记

❶假设

假设是产生金点子的重要方法。作者由此展开设想，希望生物学家详加考察生物生长的习惯，并为人类提供生物燃料。

加考察，探悉那些生物生长的习惯，我们未始不可想出方法来培植它们，用它们的体质做我们的燃料。

将来比较有希望的，就是直接由太阳送来的势力以及缘生物所积收的势力。在热带地方，当然可设许多的凹镜集收太阳的热，用太阳的热就可制造种种燃料，如碳化钙（CaC_2）之类。但是这两个办法也有许多难处。那太阳光线热线的强度，每日时时变更。因为这样的变更，供给的力量必不能匀，[①]供给的力量不匀就不利于制造。偶有云雨，机器就要停止，这也是大不方便的一件事。况且镜面须大，造镜的材料，都是很贵的。说来说去，我们的希望还是落在生物身上，但是也不能不分别孰轻孰重，煤炭一年减少一年。水中的微生物到底能不能为我们造出极多的燃料是一个问题，将来的答案难免不是一个否字。世界上人口日增，食料渐渐困难，用五谷之类制造燃料，恐怕将成问题。那么，最终的就是木材一项，世界上旷野之地充其量来培植森林，用尽科学的方法，将木材变为最经济的燃料，如造成酒精之类。到底能否代煤炭以供人类的要求？这个问题虽难解决，但是从木材生长的速率着想，我们很难抱乐观的态度。然则人类的繁华到了难以得到煤炭的时候，将要渐渐地凋零吗？抑或在煤炭犹未用尽以前人类生活的状态，已经根本地变更了？

（本文选自 1920 年 2 月 28 日《太平洋》第 2 卷，第 7 号。）

①解释说明

说明收集太阳热力是有一定难度的。

读书笔记

读书与读自然书

什么是书？[①] 书就是好事的人用文字或特别的符号或兼用图画将天然的事物或著者的理想（幻想、妄想、滥想都包含在其中）描写出来的一种东西。这个定义如若得当，我们无妨把现在世界上的书籍分作几类：

①原著，内含许多著者独见的事实，或许多新理想、新意见，或二者兼而有之。

②集著，其中包罗各专家关于某某问题所搜集的事实，并对于同项问题所发表的意见，精华丛聚，配置有条，著者或参以己见，或不参以己见。

③选著，择录大著作精华，加以锻炼，不遗要点，不失真谛。

④窃著，拾取他人的唾余，敷衍成篇，或含糊塞责，或断章取义。窃著者，名曰书盗。假若秦皇再生，我们对于这种窃著书盗，似不必予以援助。各类的书籍既是如此不同，我们读书的人应该注意选择。

什么是自然？这个大千世界中，也可说是四面世界（Four dimensional world）中所有的事物都是自然书中的材料。这些材料最真实，它们的配置最适当。如若世界有美的事，这一大块文章，我们不能不承认它再美不过。可惜我们的机能有限，生命有限，不能把这一本大百科全书一气读完。如是学“科学方法”的问题发生，什么叫作科学的方法？那就是读自然书的方法。

书是死的，自然是活的。读书的功夫大半在记忆与思索[②]（有人读书并不思索，我幼时读四子书就是最好

❶下定义

详细解释书的定义，旨在加深读者对事物本质属性和功能作用的理解。

读书笔记

❷解释说明

这是对“读书的功夫大半在记忆与思索”这句话的解释说明，旨在告诫青少年不要读死书这个道理。

的一个例子)，读自然书种种机能非同时并用不可，而精确的观察尤为重要。读书是我和著者的交涉，读自然书是我和物的直接交涉。所以读书是间接的求学，读自然书乃是直接的求学。[1] 读书不过为引人求学的头一段功夫，到了能读自然书方算得真正读书。只知道书不知道自然的人名曰书呆子。

❶解释说明

到底什么算得上“真正读书”？什么样的人是“书呆子”？作者在这里给予了解答，令人耳目一新。

世界是一个整体，各部分彼此都有密切的关系，我们硬把它分成若干部，是权宜的办法，是对于自然没有加以公平的处理。大家不注意这种办法是权宜的，是假定的，所以嚷出许多科学上的争论。杰文斯说经济的恐慌源于天象，人都笑他，殊不知我们吃一杯茶已经牵动太阳，倒没有人引以为怪。

我们笑腐儒读书，断章取义，咸引为戒。今日科学家往往把他们的问题缩小到一定的范围，或把天然连贯的事物硬划作几部，以为把那个范围里的事物弄清楚了的时候，他们的问题就完全解决了，这也未免在自然书中断章取义。这一类科学家的态度，我们不敢赞同。

我觉得我们读书总应竭我们五官的能力(五官以外还有认识的能力与否，我们现在还不知道)去读自然书，把寻常的读书当作读自然书的一个阶段。读自然书时我们不可忘却我们所读的一字一句(即一事一物)的意义，并视全节全篇的意义为意义，否则就成了一个自然书呆子。

(本文刊于 1921 年 11 月 2 日《北京大学日刊》。)

如何培养儿童对科学的兴趣

❶条件关系

写出了培养儿童对科学的兴趣的前提。

[1] 要培养儿童对科学的兴趣，首先要培养儿童对祖国、对劳动人民的热爱。也只有具有这种热爱的人，才能无私地去钻研科学，用科学的成就来发展祖国的生产能力，提高文化水平，从而把那些宝贵的成就贡献给全体人类，丰富他们的生活，这样才能充分地发挥无产阶级领导的社会中儿童的高贵品质。这种崇高的品质，不是资产阶级社会中从事儿童教育的人们所能彻底了解的。

❷打比方

把科学比作武器，写出了科学对于改造自然的重要性。

[2] 科学对于自然犹如战争中的武器。要想战胜自然，我们必须掌握这种科学的武器。苏联伟大的生物学家米丘林说：“我们不能等待大自然的赐予，我们要向它夺取。”为着使自然更驯服于人类的意志，我们必须认识自然，进而改造自然，而科学就必须在这样的过程中发挥作用。

应当使儿童从很幼小的时候起，就注意到自然的伟大。家庭和学校的教育应该培养儿童对自然的兴趣和改造自然的愿望。在儿童好奇探求自然界知识的时候，应该加以诱导，应当利用游戏和玩具来发展儿童对于自然的认识和创作的要求。譬如建筑的游戏，可以培养思考和想象力；沙土的游戏，可以初步发展改造世界的要求和愿望；飞机模型的创造，可以增加儿童对于航空机械的兴趣；而庭园种植花卉的劳动、大自然中的旅行、工厂的参观，都可以培养儿童对于大自然的爱，对于祖国的爱，对于科学的兴趣。有许多儿童从小就有将来做科学家的愿望，这是好的，但必须好好地培养。我们科学工作者，应该帮助学校培养儿童对科学的兴趣。譬如与儿童会见，给他们讲科学发明的故事与新的科学成就，帮助儿童进行科学实验和创造活动等。

新中国的儿童，是完全有条件在科学上发展自己的才能的。为了获得科学的成就，我们还须更艰苦和更坚决地努力。① 苏联伟大的生物学家米丘林、伟大的生理学家巴甫洛夫一生的奋斗，对于这种必需的毅力，就提供了很好的榜样。伟大的无产阶级导师马克思、恩格斯、列宁的一生奋斗的事迹和伟大的理想，更辉煌地照耀着我们的儿童们光辉灿烂的前途，我为新中国幸福的儿童们欢呼。

❶举例子

告诫青少年想获得科学成就，就必须更加艰苦和更加坚决地努力，体现了科学家对人才培养的高度重视。

（本文刊于 1952 年 5 月 31 日《人民日报》。）

精华赏析

著名地质学家李四光的文章，对于当时以及今后若干时期的中国，都具有振奋人心、激发中国人拼搏精神的巨大作用。

当时美孚石油公司断定中国是“贫油国”，并且语含讥讽。中国从 1840 年鸦片战争开始就被西方列强欺负，整整被欺负了 109 年！中华人民共和国成立后，西方列强仍不放过中国，并在精神上欺压中华民族，所以在中华人民共和国一穷二白的基础上，如何探索建设社会主义就成为一项新的课题。李四光从中外地理环境分析、燃料的起源到煤炭开挖使用的状况，到取代煤炭开发太阳能、开发使用地热能等方面提出了许多独创性和建设性的结论和措施，并列举了大量具有代表性的案例，向全世界证明了中国人民是不信邪的，中华民族是勤劳向上、用自己双手建设美好生活的优秀民族！同时也是对西方敌对势力的有力回击！

1. 煤炭是如何形成的？
2. 人们是如何利用太阳能发电并储蓄电能的？
3. 什么是地热能？地热能有污染吗？

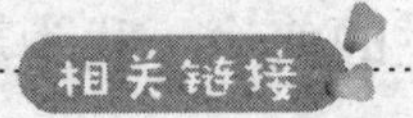

美孚石油公司，又名埃克森美孚公司，是全世界最大的石油供应商，是超级跨国石油巨头。该公司至今已有 140 年的发展历史，1999 年成为全球第一大石油公司，在 200 多个国家和地区开拓建立市场，连续 85 年被国际评级公司评为 3A 级信用等级，在能源和石油化工领域处于同行业的世界领先地位，是世界第一家市值超过 4000 亿美元的公司。

名家心得

李四光在旧社会走过的道路，尽管有些曲折和坎坷，但他毕生努力的方向和最终达到的高度，以及对祖国和人民做出的贡献，在当代中国科技界、知识界，的确是一面旗帜，无愧于党和人民给予的这个高度评价。

——中国航天之父、中国导弹之父　钱学森

他（指李四光）是中国地质事业，也可以说是地球科学事业的奠基人之一。他对中国地质学的贡献、他的治学精神和高风亮节，都堪称后世师表。

——中国科学院院士、地质学家　叶连俊

读者感悟

读了地质学家李四光的文章之后，我对一个问题比较困惑：地热到底是什么呢？是地球自热，还是地球自转过程中产生的什么物质？对这个问题我真是百思不得其解。查阅了很多资料之后，我终于明白了什么是地热。现在就让我来告诉你们吧。

地热，是地球内部岩石熔化产生的岩浆散发出来的巨大的热量，其最高温度可以达到1200℃，而被烧开的水最高温度只有区区100℃。因此地热以一种热力的方式存在于地球内部，这是地球自然生成的热能。由于热能的存在，地球上每年都要发生500万次左右大大小小的地震、火山爆发，由此会引发巨大海啸，给人类带来巨大灾难。

任何事情都要一分为二辩证地看待。地热虽然给人类带来了巨大的灾难，但是只要采取适当措施，是可以将地热为人类所用的。1904年，意大利有位科学家将水注入地球内部岩层，从而产生了大量蒸汽。然后抽取蒸汽来推动涡轮机转动电动机，这样电能就产生了。现在中国西藏自治区的羊八井就会利用地热供电，西安、天津采用地热直接供暖，东南地区利用地热来建设疗养院，推动了当地经济的发展。

因此，地热除了可以用来发电、供暖之外，还可以被用来进行地热农业、地热医疗等。发展温泉疗养院、开发地热温室养鱼、浇灌农田都是大有作为的。

阅读拓展

《听李四光讲地球的故事》一书由李四光纪念馆组织的、具有丰富科普经验的优秀团队编写，围绕我国著名科学家李四光先生撰写的地球科学读本——《天文·地质·古生物》的内容，将博大精深的地球知识以通俗易懂的方式仔细讲来。

该书生动活泼的语言、丰富有趣的问题，让少年儿童跟随李四光的脚步，一起踏上探索地球的旅程。

真题演练

一、解释词语

1. 驯服：________________

2. 消耗：________________

3. 灼热：________________

二、填空题

《看看我们的地球》的作者是________，是我国著名的________学家，是我国________、________奠基人。

三、判断下列各句所使用的说明方法，并填入括号内

1. 比如，能够分裂并大量发热的放射性矿物，如铀等类，我们已经能够利用。(　)

2. 比如能够分裂并大量发热的放射性矿物，如轴、钍等类，我们已经能够加以利用。(　)

四、简答题

1. 地球主要由哪几部分组成？作者重点介绍了哪个部分？

2. 本书文章主要采用了哪些说明方法？请各举一个例子。

一、

1. 使顺从。

2. 指力量、精神、东西等因使用或受损失而渐渐减少。

3. 像火烧着、烫着那样热。

二、

李四光　地质　现代地球科学　地质工作

三、

1. 举例子

2. 举例子

四、

1. 气圈、水圈、石圈；重点介绍了石圈。

2.（1）举例子：例如，可以用来开动机器、促进庄稼生长、治疗难治的疾病等等。

（2）列数字：大约每下降 33 米，温度就升高 1℃。

（3）打比方：假定地球像一个大皮球，那么，我们的眼睛所能直接和间接看到的一层就只有一张纸那么厚。

爱阅读课程化丛书 / 快乐读书吧

外国经典文学馆					
序号	作品	序号	作品	序号	作品
1	七色花	31	格列佛游记	61	好兵帅克历险记
2	愿望的实现	32	我是猫	62	吹牛大王历险记
3	格林童话	33	父与子	63	哈克贝利·费恩历险记
4	安徒生童话	34	地球的故事	64	苦儿流浪记
5	伊索寓言	35	森林报	65	青　鸟
6	克雷洛夫寓言	36	骑鹅旅行记	66	柳林风声
7	拉封丹寓言	37	老人与海	67	百万英镑
8	十万个为什么（伊林版）	38	八十天环游地球	68	马克·吐温短篇小说选
9	希腊神话	39	西顿动物故事集	69	欧·亨利短篇小说选
10	世界经典神话与传说	40	假如给我三天光明	70	莫泊桑短篇小说选
11	非洲民间故事	41	在人间	71	培根随笔
12	欧洲民间故事	42	我的大学	72	唐·吉诃德
13	一千零一夜	43	草原上的小木屋	73	哈姆莱特
14	列那狐的故事	44	福尔摩斯探案集	74	双城记
15	爱的教育	45	绿山墙的安妮	75	大卫·科波菲尔
16	童　年	46	格兰特船长的儿女	76	母　亲
17	汤姆·索亚历险记	47	汤姆叔叔的小屋	77	茶花女
18	鲁滨逊漂流记	48	少年维特之烦恼	78	雾都孤儿
19	尼尔斯骑鹅旅行记	49	小王子	79	世界上下五千年
20	爱丽丝漫游奇境记	50	小鹿斑比	80	神秘岛
21	海底两万里	51	彼得·潘	81	金银岛
22	猎人笔记	52	最后一课	82	野性的呼唤
23	昆虫记	53	365 夜故事	83	狼孩传奇
24	寂静的春天	54	天方夜谭	84	人类群星闪耀时
25	钢铁是怎样炼成的	55	绿野仙踪	85	动物素描
26	名人传	56	王尔德童话	86	人类的故事
27	简·爱	57	捣蛋鬼日记	87	新月集
28	契诃夫短篇小说选	58	巨人的花园	88	飞鸟集
29	居里夫人传	59	木偶奇遇记	89	海的女儿
30	泰戈尔诗选	60	王子与贫儿		**陆续出版中……**

中国古典文学馆					
序号	作品	序号	作品	序号	作品
1	红楼梦	12	镜花缘	23	中华上下五千年
2	水浒传	13	儒林外史	24	二十四节气故事
3	三国演义	14	世说新语	25	中国历史人物故事
4	西游记	15	聊斋志异	26	苏东坡传
5	中国古代寓言故事	16	唐诗三百首	27	史　记
6	中国古代神话故事	17	小学生必背古诗词 70+80 首	28	中国通史

7	中国民间故事	18	初中生必背古诗文	29	资治通鉴
8	中国民俗故事	19	论　语	30	孙子兵法
9	中国历史故事	20	庄　子	31	三十六计
10	中国传统节日故事	21	孟　子		**陆续出版中……**
11	山海经	22	成语故事		

中国现当代文学馆

序号	作品	序号	作品	序号	作品
1	一只想飞的猫	36	高士其童话故事精选	71	大奖章
2	小狗的小房子	37	雷锋的故事	72	半半的半个童话
3	“歪脑袋”木头桩	38	中外名人故事	73	会走路的大树
4	神笔马良	39	科学家的故事	74	秃秃大王
5	小鲤鱼跳龙门	40	数学家的故事	75	罗文应的故事
6	稻草人	41	从文自传	76	小溪流的歌
7	中国的十万个为什么	42	小贝流浪记	77	南南和胡子伯伯
8	人类起源的演化过程	43	谈美书简	78	寒假的一天
9	看看我们的地球	44	女　神	79	古代英雄的石像
10	灰尘的旅行	45	陶奇的暑期日记	80	东郭先生和狼
11	小英雄雨来	46	长　河	81	红鬼脸壳
12	朝花夕拾	47	丁丁的一次奇怪旅行	82	赤色小子
13	骆驼祥子	48	小仆人	83	阿Q正传
14	湘行散记	49	旅　伴	84	故　乡
15	给青年的十二封信	50	王子和渔夫的故事	85	孔乙己
16	艾青诗选集	51	新同学	86	故事新编
17	狐狸打猎人	52	野葡萄	87	狂人日记
18	大林和小林	53	会唱歌的画像	88	彷　徨
19	宝葫芦的秘密	54	鸟孩儿	89	野　草
20	朝花夕拾·呐喊	55	云中奇梦	90	祝　福
21	小布头奇遇记	56	中华名言警句	91	北京的春节
22	“下次开船”港	57	中国古今寓言	92	济南的冬天
23	呼兰河传	58	雷锋日记	93	草　原
24	子　夜	59	革命烈士诗抄	94	母　鸡
25	茶　馆	60	小坡的生日	95	猫
26	城南旧事	61	汉字故事	96	匆　匆
27	鲁迅杂文集	62	中华智慧故事	97	落花生
28	边　城	63	严文井童话故事精选	98	少年中国说
29	小桔灯	64	仰望第一面五星红旗升起	99	可爱的中国
30	寄小读者	65	徐志摩诗歌	100	经典常谈
31	繁星·春水	66	徐志摩散文集	101	谁是最可爱的人
32	爷爷的爷爷哪里来	67	四世同堂	102	祖父的园子
33	细菌世界历险记	68	怪老头		**陆续出版中……**
34	荷塘月色	69	从百草园到三味书屋		
35	中国兔子德国草	70	背　影